轻松造园记系列

庭院花木整形修剪技法

[日]玉崎弘志 编著　新锐园艺工作室 组译
于蓉蓉 李 静 张净娟 译

中国农业出版社
北 京

本书使用说明

植物名
包括常用名称、别名。

分类地位
包括植物学上的科名、属名。

专业技术 修剪要点
介绍每种花木的修剪要点与时期。

推荐品种
推荐容易栽培、花或果实较美观的品种等。

栽培日历
介绍植物在一年中的生长状态、修剪期，以及病虫害的发生期。

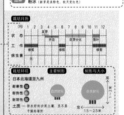

修剪前、后的照片
通过照片对比，知道如何修剪。

管理秘诀
介绍栽植方法、病虫害防治措施等修剪以外的管理技术。

栽培环境
主要介绍花木的耐寒性、耐热性、耐阴性、适合栽培的地区、土质等。

常见树形
介绍适合该花木且应用较多的树形。自然树形为自然生长状态下的树形。不同树形介绍详见18、19页。

推荐树形
介绍推荐的树形、树高、树宽。

玉崎派专栏
玉崎先生发现的妙招。

专业技巧
介绍了需要掌握的知识以及相关工具的使用方法等修剪技巧。

玉崎派
手制竹扫帚
清理散落在树上的枝叶，使用竹扫帚不会伤到树枝。该竹扫帚是将竹条捆在一起制成。

目　录

▶ 指视频所在页码

秋冬花木

常绿针叶树

常绿阔叶树

落叶阔叶树

基础知识与实践

修剪工具

根据目的选择工具

在管理庭院花木的过程中，必不可少的工具是剪断树枝用的修枝剪。修剪工具按照使用目的有很多种类，根据树枝的粗细及修剪方法分别使用。下面一起来了解一下适合操作的工具以及使用方法。

平剪

修剪绿篱或者需要造型的时候，用大平剪在表面滑过的方式修剪。大平剪使用角度不同，可以产生不同的效果。可以根据修剪的部位，确定使用角度。

▲ 修剪顶部时大平剪朝上使用。

▲ 从顶部往下方修剪时大平剪朝下使用。

大平剪

一般用于绿篱等的修剪。铝制手柄的大平剪使用起来比较轻便。

剪一般枝

一般的枝条都可以用修枝剪修剪，略粗的树枝用修枝剪的后端较省力。

粗枝修枝剪

除了细枝外，可以适用于直径1.5厘米以下的树枝，是最常用的剪枝工具。用手握住手柄，挑选一把使用顺手的修枝剪。

剪细枝

修剪枝头的细小零碎枝梢时，用修枝剪的前端修剪。

细枝修枝剪

适用于修剪直径5毫米以下的细枝。

锯粗枝

修枝锯多用于在粗枝上切口和锯掉粗枝。

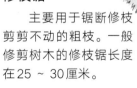

修枝锯

主要用于锯断修枝剪剪不动的粗枝。一般修剪树木的修枝锯长度在25～30厘米。

人字梯的安全使用方法

如果有伸手够不到的地方就需要使用人字梯。但使用人字梯的方法不对，就会有危险。那么，在使用人字梯时应该注意哪些要点？下面一起看看。

▲ 四脚梯适合在平坦的地方使用。三脚梯张开的幅度较大，可以在稍微倾斜的地方使用。

安全措施

- 用绳子将人字梯的上方与树绑定。

正确的姿势

- 人字梯放置到身前，面向树进行修剪工作。

固定好人字梯

- 将三脚梯的单脚部分固定到树的近处。

梯错误的使用方法

- 把剪刀挂在人字梯上部，尤其是将尖头朝上放置，会很危险。
- 背靠梯子，在人字梯和树之间进行修剪，在梯子倾倒时不能很好地保护自己。
- 骑跨在最上层或上面两层进行工作，容易失去平衡。

必须挂上梯脚的安全链条

- 无论是三脚梯还是四脚梯，在不平的地面使用，都必须把梯脚之间的安全链条挂上。

提升稳固性的技巧

- 使用四脚梯时，如果地面不平整，需要垫木板等保持稳定。

苗木的选择

✗ 不良苗木
- 与花盆的大小相比，枝叶过于茂盛。
- 枝叶出现病虫害征兆。不只是叶子表面，还要确认背面是否有病虫害出现。

○ 优质苗木
- 枝叶的生长大小与花盆相适应。
- 下部牢固，叶子从上到下看起来都非常健壮。

苗木质量的鉴别方法

根据植株的根部，能区别出苗木的好坏。但是，在园艺店里出售的苗木，一般栽植在容器中，或是用草席包裹着，不能确认根的生长状态。所以，需要通过枝叶的生长状况以及花盆底部根的情况来判断。

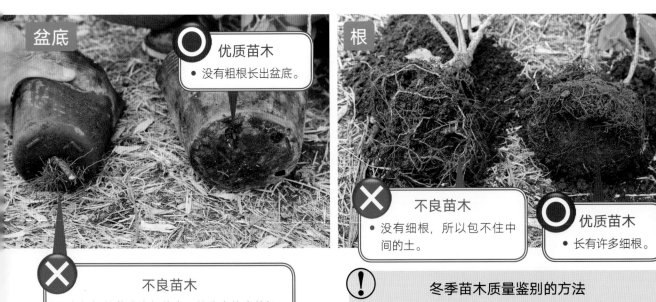

盆底

○ 优质苗木
- 没有粗根长出盆底。

✗ 不良苗木
- 有粗根从花盆底部伸出。从盆底伸出的根，大部分直接从地面吸收营养。因此，盆里缺少生长状态良好的细根，苗木栽植后容易枯死。

根

✗ 不良苗木
- 没有细根，所以包不住中间的土。

○ 优质苗木
- 长有许多细根。

⚠ 冬季苗木质量鉴别的方法

落叶树在冬季没有叶子，就不能用叶子的状态来鉴别苗木的质量。建议挑选在枝叶下方带有冬芽的苗木。

苗木的栽植

栽植时期

3月树木开始长出新芽，适合栽植落叶树与针叶树。常绿树一般不耐寒，因此在温暖的春天或生长减慢的秋天栽植比较合适。无论是什么树木，栽植都应该避开寒冷的冬天与炎热的夏天。

根部的整理

1 从容器中取出的苗，它的根因为需要吸收更多空气和水，而在容器内部边缘缠绕，所以中间部分几乎没有根。若根缠绕严重，则基本处于缺氧状态。

2 在处于缺氧状态时，需要在根部制造切口，切断老根，促进新根生长。

3 切断老根，根部的吸水能力就会减弱，因此需要剪掉适量的叶子来减少水分的散失。

苗的放置

2 ~ 2.5倍

4 把苗木放置到栽植位置，预测一下种植穴的大小。种植穴的规格以直径和深度分别为苗木下部土桩直径的2 ~ 2.5、1.5 ~ 2.5倍为宜。

5 用铁铲挖一个圆柱形的种植穴，切记不是圆锥形。把挖出的土放置在种植穴旁边。

固体有机肥　完全腐熟的腐叶土

6 将腐叶土用双手捧两捧放到种植穴中，再加入周围的土壤混匀，之后再混入两把固体有机肥。

7 将苗木栽植到挖好的种植穴中。苗木的高度通过垫周围的土来调节，最终以苗木基部高出地面2 ~ 3厘米为宜。

地面的高度

立支柱

8 围绕苗木做一环形蓄水小土坡，在其中倒入充足的水。

11 在苗木旁边立支柱，用麻绳固定，不要伤到苗木。保留支柱到长出根为止。麻绳在1～2年内会腐烂脱落。

9 晃动苗木，让水流进树穴底部并挤出空气。让苗木根部与周围的土壤紧密接触，如果有新根长出，就能立即吸收水分。

10 待土壤下沉后，踩实苗木周围土壤，使苗木根部与周围的土壤紧密结合，不易倾倒。如果是夏天，保留蓄水小土坡到长出结实的叶子为止，再缺水时没有小土坡也可以直接浇水。

12 支柱设置在不易看到的位置，即设置到平时观赏面的背面，高度与苗木的高度相同。

正确施肥

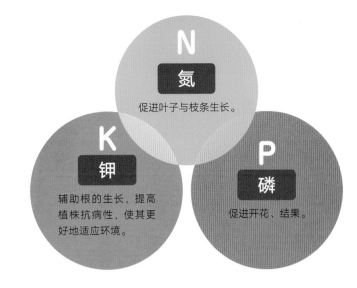

N 氮 促进叶子与枝条生长。

K 钾 辅助根的生长，提高植株抗病性，使其更好地适应环境。

P 磷 促进开花、结果。

肥料的三大营养成分

肥料中含有植物生长必需的氮、磷、钾3种营养成分。这3种营养成分的比例不同，肥料的效果产生区别。

肥料的分类

肥料大致可以分为以自然动植物为原料的有机肥与人工合成的氮、磷、钾肥等化学肥料。有机肥通过土壤中的微生物分解之后起作用，因此见效比较慢。化学肥料直接作用于植物根部，见效较快。但若长期使用化学肥料，会破坏土壤养分的平衡，所以推荐化学肥料与有机肥料配合施用。

有机肥料	牛粪·鸡粪	磷酸含量高，适合观花、观果的植物。
	油渣	氮含量高，与含磷量高的骨粉混合使用效果更好。
	骨粉	磷含量高，适合观花、观果的植物。在油渣中混入3成的比例效果较好。
	草木灰	磷含量高，见效快。
化学肥料	固体肥	有片剂和颗粒剂等多种剂型。
	液体肥	加水稀释使用。在化学肥料中是见效较快的一种。适合盆栽使用。
复合肥料		按照使用目的的不同，把有机肥料与化学肥料配合后制成的肥料。可分为玫瑰专用肥、果树专用肥、蔬菜专用肥等。

施肥时期

一般冬季休眠期施用的冬肥最为重要。冬肥一般施用有机肥料。冬肥在12月至翌年2月之间充分分解，有利于翌年春季新芽生长。此外，开花结果后树体营养消耗较多，此时需要施采后肥。采后肥使用化学肥料，能迅速恢复树势。

固体肥料

以枝叶扩散的范围为限，在树冠下方均等施肥。为了促进分解，可以用土薄薄覆盖。

液体肥料

为了防止肥料流出树根吸收的范围，通常先在树的周围挖一环形沟，之后在沟内施用液体肥料。

病虫害防治

虫害和病害分别考虑

保持植株环境清洁，最好不出现病虫害。但出现病虫害时则需要用农药来防治。农药主要分为防治病害的杀菌剂和防治虫害的杀虫剂、杀螨剂。它们的用法各不相同。

杀虫剂

在刚刚出现害虫的时候使用效果较好。

杀菌剂

防治病害使用。在病害发生初期使用效果较好。

杀螨剂

叶螨等的防治需要使用专用的药剂。生长阶段不同所用药剂不同。

混合型

对病害和虫害都有效果。有带喷头的产品，在需要时可直接喷洒。

喷药时的防护

从喷施农药的准备阶段开始就要戴上胶皮手套。服装要求尽量避免漏出皮肤和口部。

帽子·兜帽

口罩

胶皮手套

长袖外套

长裤

顺风喷施，可以防止药物被风吹到身上。

喷施方法

喷施的时间最好选择晴天无风的上午。原则上，先喷施远处的，再喷施近处的，这样可以防止人体接触农药。喷施高处时，可以利用人字梯从上往下喷施。在喷施之前最好事先告知周围邻居。

多数害虫会藏在叶子背面，因此把喷嘴朝上伸到树丛中，对叶片的背面进行喷施。

槭树类的枝条和树干上会长有害虫，因此在枝条和树干上也要喷施农药。

需要注意的虫害与病害

*不同农药防治的植物病虫害，还有规范的使用方法。购买和使用之前确认好，按照正确的方法使用。

虫害	受害部位	发生时期·症状	防治措施
叶螨	叶	3～9月。吸取叶的汁液，形成白色斑点。叶失去叶绿素后枯萎。	喷洒除螨专用药剂。冬季用石硫合剂预防。用水管冲洗叶背。
茶黄毒蛾	叶	4～9月。危害树叶。即使只接触到茶黄毒蛾的虫毛，也会被感染。	喷洒杀螟松。一旦发现，马上连同枝叶剪下一起烧毁。
梨冠网蝽	叶	常年。在叶背群集并吸取汁液。使叶变白，像被摩擦过一样。	喷洒杀螟松、乙酰甲胺磷等。通风透光。叶背洒水。
食心虫	新梢、果实	6～9月。危害新枝和果实。	喷洒杀螟松。果实套袋处理。
蚜虫	叶、茎、花蕾	3～11月。群集吸取植株汁液，阻碍植株生长。引起煤污病等其他病害。	喷洒杀螟松、乙酰甲胺磷等。
毛毛虫	叶、茎、花蕾	是蝶类或蛾类的幼虫，危害叶、花蕾等。如美洲白蛾容易大量群集，危害很大。	喷洒乙酰甲胺磷等。在早期发现虫卵或幼虫，及时清理并烧毁。
介壳虫	枝条、树干	常年。吸取植株汁液，阻碍植株生长。引起煤污病等病害。	用刷子等擦掉叶片表面的煤污。
天牛	茎、枝条、树干	10月至翌年6月（成虫）、6～8月（幼虫）。在树干或树枝中产卵，孵化后的幼虫危害树干或树枝内部。	早期发现害虫洞穴后，在洞穴内注入专用的药剂。发现害虫后立即捕杀。

病害	发病部位	发生时期·症状	对策
缩叶病	叶	4～5月。叶变红，像被火烫伤似的皱缩。叶背出现白色霉菌，枝条变黑、皱缩。	即将萌芽前，喷洒80%克菌丹预防。摘除并烧毁病叶。
花叶病	叶	4～9月。叶和花上出现病斑，叶会皱缩变色。	防治传播细菌的蚜虫。用农药不能预防，如果有病症，需要清除病部。
白粉病	叶、茎	5～11月。出现白色粉末一样的霉菌。不久就会扩散到全部叶片，使叶枯萎。	做好通风工作，在发病前喷洒百菌清、50%苯菌灵等预防。
赤枯病	叶、茎	5～11月。杉类幼树容易感染。叶和茎变成红褐色或褐色，枯萎。	做好通风和排水工作。清除病部。
灰霉病	叶、茎、花	3～12月。叶和茎会腐烂，花上出现斑点，不久就会被灰色的霉菌覆盖。	做好通风和排水工作。发病前做好预防工作。
煤污病	叶、茎、枝	常年。病部表面有黑色煤灰似的物质，即煤污病。	在出现煤污病前，防治传播煤污病的蚜虫。
癌肿病	枝、树干	5～10月。出现斑点，凹凸不平，树皮破裂。	做好通风和排水工作。清除并烧毁发病的枝条，对周围土壤进行消毒。

盆栽的换盆

与庭院栽培不同，盆栽根部的生长空间有限，因此，土质和浇水对盆栽的影响非常大，此外，还需要定期施肥。如果放任盆栽生长，植株和花盆的比例就变得不协调，所以盆栽也需要进行修剪。此外，伴随着植株的生长，根会出现打结的情况，需要移栽到更大的花盆中。

换盆步骤详解

1 正中间有粗根从盆底伸出，还出现根打结的情况，这时需要更换花盆。

2 为了提高排水性与气透性，把花盆碎片等铺在盆底。为了防止盆土流失以及根伸出盆底，盆底可铺一层棉网。

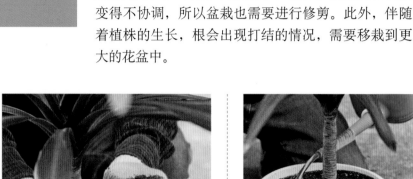

3 棉网上放适量的土后，再把植株放进花盆，然后在周围填土。使用的土最好是园艺专用土。

4 一边轻轻敲打花盆，一边填土。土不要填满，留出高2厘米的蓄水空间。

5 充分浇水，浇到从盆底流出最佳。这样，可以将花盆中的旧空气排出，通入新鲜空气。

！ 正确的浇水方法！

如果浇水不透彻，植株在盆中扎根较浅，这样容易受到寒冷和炎热等天气的影响。需要明确充足浇水与不需要浇水的时期。

6 在根系周围埋施固体有机肥。再撒施少许化学肥料，不需要与土搅拌。

基本修剪

无用枝

破坏树形，妨碍植株生长的枝称为无用枝，需要优先处理。

平行枝

向相同方向以同样速度生长的枝。阻碍光照和通风，同时考虑到整体美感，需剪掉其中的一整枝。

徒长枝

生长势极强，花芽较少的枝条。可以剪短到树冠以内位置，或整枝剪掉。

直立枝

垂直向上生长，且生长势强的枝，花芽较少。整枝剪掉。

下垂枝

向下生长的枝。需整枝剪掉。

萌生枝

又叫干生弱枝，树干上直接长出的弱小枝。按照需要留下或剪掉。

枯死枝

整枝剪掉。如果仅枝条前端部分枯萎，剪掉枯萎部分。

内向枝

又叫逆向枝，指向植株内侧生长的枝条。阻碍光照与通风，需整枝剪掉。

交叉枝

交叉生长的枝条。考虑树体平衡的基础上，从枝条基部剪掉其中一枝。

细弱枝

在主枝基部等内部生长的细弱枝。不仅阻碍通风，多数还会枯死，需要整枝剪掉。

丛生枝

从树干同一处长出的多个枝条。留下1~2个向外生长的枝条，其余的都剪掉。

萌蘖枝

从植株根部长出的小树枝。一般贴着地表剪掉。需要保留多个树干或更新树干时留用。

修剪的顺序

首先，去掉粗枝，掌握树形的大致构架，再修剪细枝。其次，优先去掉枯死枝等无用枝。之后，从上往下修剪，这样可以一边修剪，一边打落剪掉的枝叶。

修剪期

在有限的空间栽植庭院花木，需要通过修剪来控制花木的体积。不同种类的花木都有自己的修剪期。落叶树从落叶的晚秋到发芽前的休眠期间进行定形修剪。之后，在因为高温多湿而容易引起虫害的梅雨季节可以轻微疏剪。常绿阔叶树的修剪期在出新芽前的春季、梅雨季节和秋季。常绿针叶树的修剪期在冬季。观花树木应在花后尽快修剪。

修剪方法

修剪方法大体分为缩剪和疏剪。缩剪是把长枝从中间剪掉或从分枝处剪掉。疏剪是把不需要的枝整枝剪掉。树木的整形修剪，需要分别使用缩剪和疏剪完成。

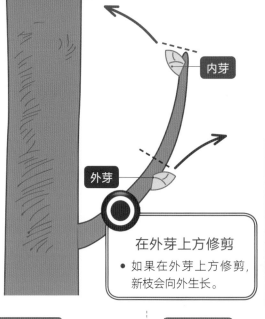

内芽

外芽

◉ 在外芽上方修剪
- 如果在外芽上方修剪，新枝会向外生长。

❌ 在内芽上方修剪
- 如果在内芽上方修剪，新枝会向内生长，最终变成徒长枝或交叉枝等。

外芽

缩剪 ❶

枝前端的缩剪

缩剪长枝，使其长出新枝，并保持植株的大小。要注意芽的位置和方向。

❌ 太过接近芽修剪
- 切面倾斜，紧贴芽修剪会导致芽枯萎。

枯萎

在芽与芽的中间修剪
- 在芽与芽的中间位置修剪，芽上方剩余部分会枯萎。

枯萎

芽

◉ 略高于芽

缩剪 ❷

◉ 从分枝处剪掉

长势较强的长枝缩剪

如果想缩小植株的体积，从分枝处剪掉长势较强的长枝，更换成细枝。

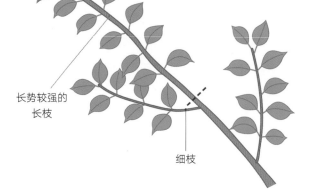

长势较强的长枝

细枝

疏剪 剪除枯死枝、内向枝等无用枝，以及剪少密集部分的枝条，要整枝连同芽一起剪掉。

⭕ **尽量靠近树干**

- 尽量贴近基部剪掉，留下枝下部鼓起的部分。

密集的部分

枯死枝

内向枝

具有修复伤口机能的部分

❌ **留枝**

- 留下的枝条会生长异常旺盛。

- 从前端开始向里枯萎。

粗枝的锯除

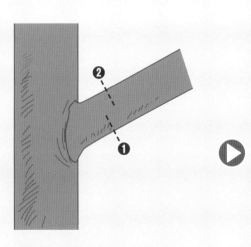

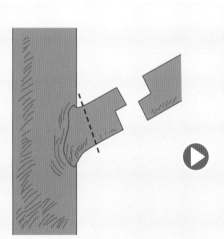

1 ❶在距离枝的基部10厘米处，从下往上用锯做出锯口，深度是枝粗的1/3。
❷在距离❶几厘米处，从上往下再做出锯口。

2 先在下面锯，是为了防止由于树的重量出现锯口撕裂的情况。锯下树枝后，把剩余部分从基部锯掉。

3 留下基部粗大的部分。

多种树形

不同树形的修剪

有些是在树体自然树形的基础上稍加修剪，有些则是为了美观而对树形进行设计修剪。

绿篱

通过修剪做出的饱满、整齐的树形，一般需要配合周围环境来设计。适合的树有齿叶冬青、黄杨、罗汉松、光叶石楠、山茶、茶梅、丹桂等枝叶茂密且发芽力较强的常绿阔叶树。

圆球形

通过修剪做成球形。适合黄杨类和台湾吊钟花等枝叶茂密且发芽力较强的树木。

标准树形

树冠顶部自然形成球形的树形。山茶、月桂、全缘冬青等树木都可以做成标准树形。

半球形

圆头型的一种，灌木适合修剪为这种形状。适合于东北红豆杉、矮紫杉、齿叶冬青、矮生针叶树、杜鹃等。

丛状树形

有3根以上主干的树形。落霜红、皱皮木瓜、连翘、蜡瓣花、杜鹃类等可自然生长为丛状。也可把槭树、日本紫茎、枹栎等单主干树做成丛状树形。

扇形

丛生木本植物自然生长有基本的拱形外部轮廓，再通过修剪可做成扇形。适合于麻叶绣线菊、珍珠绣线菊、锦带花、绣球、胡枝子、金丝桃等。

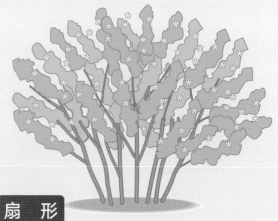

圆柱形

让其自由生长到一定高度，之后剪掉冠顶主枝，修剪成圆柱形。适合于山茶、茶梅、月桂、丹桂、杨梅、日本扁柏等。

圆锥形

是雪松和针叶树类的自然树形，还适合于东北红豆杉、贝塚圆柏、金松、罗汉柏类等多数针叶树。

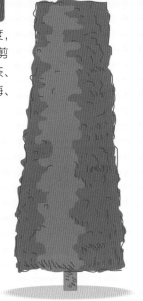

单干形

在一根主干上均匀生长着枝叶的树形。几乎是所有树中最基本的形状。适合于丹桂、厚皮香、山茶、钝齿水青冈类等常绿树和樱花、槭树等。

直干散球形

在笔直的树干上生长着不规则的枝，每个枝头修剪成圆头型。适合于日本黄杨类、东北红豆杉、矮紫杉、丝柏类、全缘冬青、厚皮香等耐修剪的树木。

垂枝形

枝条拥有美丽的抛物线形状。让主干生长到需要的高度，之后让树枝自然垂下。这类植物中垂枝樱、垂枝梅、垂枝枫等比较常见，此外还有垂枝槐等。

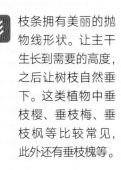

曲干形

诱导树干和树枝向前、后、左、右弯曲的做法。大部分用松树造型，但罗汉松和矮紫杉也可以做。

疏剪

被疏剪后的槭树。整体结构合理，树枝伸展形状与简洁的树叶非常好看。

疏剪枝叶

如果为了树枝表面整齐，而重复修剪树枝前端，会使枝叶变得密集，影响内部的通风透光性，导致内部枝叶枯萎。疏剪可以将枝叶较密的部分变得稀疏，保持树体枝叶密度均匀。在控制树体积的同时，改善内部的通风透光性，也能起到预防病虫害的效果。

疏剪树冠

首先剪掉枯死枝和不要的枝条，这样可以减少树枝的数量，增加树冠内部透气性。之后可以将粗枝、生长异常旺盛的枝条等从基部剪去，也可以剪短。通过以上处理，调整枝叶的结构与密度。

枯枝

剪掉枯死枝

将枯死枝从基部剪掉。

内向枝

剪掉内向枝

将向植株内部生长的枝从基部剪掉。

生长旺盛的粗枝

剪掉徒长枝

从分枝处剪掉徒长枝。徒长枝的叶子较多，吸取养分也较多，生长会异常旺盛，从而破坏树体的整体美观。

! 从植株下方观察枝的走向

剪下此枝

从植株外部很难看出枝的走向与内部的疏密度，但站在树干附近，从下往上观察就能清楚地看到这些情况。

二叉枝前端的修剪

以枝前端混乱的槭树为例，介绍疏剪的手法。

槭树枝的前端混乱。疏剪时，整理留下细枝的前端。从分叉处剪掉直立生长的枝和茂盛的枝，使其变得稀疏通透。

树枝的前端被疏剪后，留下整齐的细嫩二叉枝。

疏剪枝的前端

疏剪内部之后，还需要疏剪枝的前端。疏剪枝的前端，包括整理枝叶密集部分、剪去生长异常旺盛的枝条、枝条剪短等。最终达到枝前端每个细枝的长度与生长势头均衡为宜。

弱枝

弱枝

粗枝

徒长枝

小枝

更新小枝　把徒长枝剪短到有小枝的位置。强枝不要从枝与枝中间的位置剪掉，更新到小枝较好。

剪掉中间的强枝

在疏剪枝条密集的前端时，把正中间的强枝从分枝处剪掉。

枝的生长习性

无论是什么树木，都是最中间的枝生长最旺盛，为了抑制技术枝的生长势头，一般将其剪掉。

正中间的枝生长势较强

剪掉

限高修剪

用更新细枝的方法限制高度

虽然说是限制高度，但不是简单地把树干从中间剪断。每个树都有适合的树形，最理想的方法是在维持原树形的同时，限制它的高度。

限制树的高度，需要从小树开始进行定期修剪，而不是等树干长大了之后才匆忙剪掉。在剪掉树干上部时，从长有能够更新的细枝以上位置剪掉，并留意剪短后体积的大小。此外，为了防止修剪后又快速生长，需要减少周围的树枝数量，防止更新的树枝长得太粗太长。

剪短冠顶主枝

有小枝的情况

冠顶主枝

小枝

小枝

剪短到有小枝的位置
- 剪到有小枝和细枝的位置，高度要适宜，便于管理。

- 从枝与枝中间的位置剪短，会出现长出过多枝条或枝条枯萎的情况。

冠顶主枝

小枝

冠顶主枝没有小枝时的修剪方法

- 如果靠近芽的正上方剪短，新枝会直立向上生长。

这样生长

芽

- 如果从芽和芽中间剪短，新生的枝会侧向生长，冠顶主枝就会弯曲。

芽

芽

侧向生长

冠顶主枝的修剪

　　树木的冠顶主枝不只会向上生长，还可能会长出 2 ~ 3 根分枝，出现顶部分叉的情况。特别是顶部较尖的圆锥形的针叶树类，如果顶部长出多个主枝，就会破坏树形的美观。因此，冠顶出现多个主枝的时候，从中选取 1 根留下即可。

保留一根冠顶主枝

修剪**前** ▽ 修剪的同时把多余的主枝剪掉。

冠顶主枝有 3 根，因此需要在限制树高进行

冠顶主枝 ❶
冠顶主枝 ❷
冠顶主枝 ❸
想修剪的树冠

美国尖叶扁柏

1 决定把冠部主枝 ❷ 作为新的冠顶主枝后，把其余主枝都剪短到有能更新的小枝位置。

冠顶主枝 ❷
冠顶主枝 ❸

粗枝　冠顶新主枝
预想的树冠

2 根据留下的冠顶主枝，把树修剪成圆锥形。修剪时把粗枝剪短到比预想树冠外部轮廓以内较深的位置。

修剪**后** ▽ 树形为圆锥形。

在限制树高的同时，将 3 根冠顶主枝剪成 1 根。

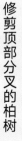

修剪顶部分叉的柏树

修剪**前**

右侧的冠顶主枝
留下的冠顶主枝

1 决定留下左侧的冠顶主枝后，剪短右侧的主枝。

剪短

2 因为切口明显，需要用绳子把切去一侧的枝向中心靠拢。

修剪**后** ▽ 只有 1 根主枝。

平 剪

平剪的定义

平剪与平时的剪枝不同，不是将枝一根一根剪掉，而是用大平剪将枝与叶一起剪掉。平剪是将常绿树和发芽力强的杜鹃等做成圆头形或绿篱时采用的修剪方法。

平剪的时期

为了保持绿篱的美观，1年至少修剪2次。一般在避开寒冬时节的发芽前需要深度修剪。7月新芽长成的时候对树冠进行轻度修剪。如果是观花树木，为了避免剪掉花芽，发芽前的休眠期进行轻度修剪，花后进行深度修剪。

圆头形平剪

修剪上部

大平剪的刀刃水平

1 按照确定的高度水平剪掉植株的上部。若直接动手向圆形修剪的话很容易剪成扭曲的形状。

2 水平剪掉上部后可以清晰看到植株的中心。

水平　　中心

3 从上往下修剪成圆形。

修剪侧面

大平剪的刀刃朝下

> ⚠ **不要整体移动大平剪**
>
> 如果双手一同大幅度移动修剪，很容易出现修剪面凹凸不平的情况。正确的方法是夹紧左臂，固定左侧的刀刃，只摆动右侧刀刃进行修剪。

叶的平剪方法

平剪过深，会影响新芽，而且整体树形像破了洞似的，影响美观。平剪深度不要超过有叶子的位置。为了不让植株体积过大，每年要向内回缩一圈。

平剪树冠

✕ 平剪到有树叶的位置

○ 平剪向内不能超过有树叶的位置

剪掉粗枝

粗枝

4 平剪后如果有显眼的粗枝切面，用修枝剪伸到植株内部剪掉。

多处长有徒长枝，绿篱的外形被破坏。　　　　　　　绿篱外形的每个面和每条线都非常整齐。

绿篱的平剪

修剪**前**　　　　　　　修剪**后**

剪正面和背面

1 正面有光照，枝容易生长。每次把从表面伸出的枝条剪掉。之后背面也用同样的方法进行修剪。背面生长较慢，可以轻微平剪。

剪侧面

2 完成正面和背面后，用同样的方式平剪两侧。先剪上面，后剪下面。

系绳子

3 为了水平修剪顶部，在绿篱两端水平拉一根绳子，系到想修剪的高度。

剪顶部

4 按照系好的绳子进行平剪。高度可以略高于绳子的高度。平剪顶部时，需要视线高于顶部，因此需要使用人字梯。

修剪棱角

5 顶部的平剪完成后摘掉绳子，对四边的角进行修剪。如果不修剪角，就会有枝叶从该处伸出。

剪短

6 最后，把伸出表面的粗枝从树冠内部剪短。

顶部修剪程度可以大些

顶部光照充足，生长较快，因此修剪程度可以大一些。最好修剪成梯形。

修剪完成后，用竹扫帚清理枝叶。

观花树木的修剪

花后马上修剪

不同观花树木的花芽生长方式各不相同。花芽的类型按生长方式大体分为顶芽型、侧芽型和混合型3种。因此，首先要确定花芽的生长方式，之后实施修剪。修剪时期也非常重要。观赏树木种类不同，修剪时期也不相同，但大部分都要在花后尽快修剪。花后过些日子，另有花芽会分化。如果在花芽分化后实施修剪，会把花芽剪掉。

枝和花芽的关系

不是每个枝都会长出花芽，像徒长枝这样生长旺盛的枝就不容易长出花芽。20厘米左右的中长枝和10厘米以下的短枝比较容易长出花芽。

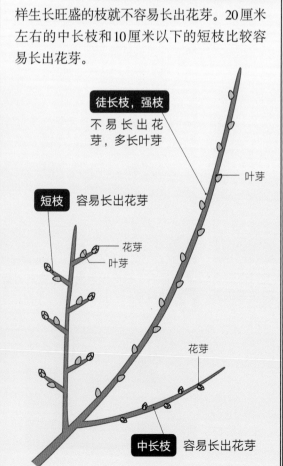

徒长枝，强枝
不易长出花芽，多长叶芽

叶芽

短枝 容易长出花芽

花芽
叶芽

花芽

中长枝 容易长出花芽

花芽的类型 ❶
顶芽型

枝顶长出花芽的类型。在每个健壮短枝的前端长出花芽。

| 树木种类 | 紫玉兰、日本辛夷、夹竹桃、金丝梅、四季月季、杜鹃、石楠、栀子、日本四照花、大花四照花等。 |

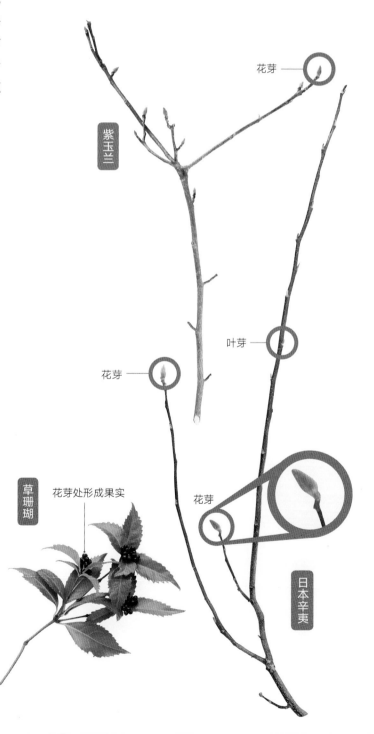

紫玉兰

花芽

叶芽

花芽

草珊瑚
花芽处形成果实

花芽

日本辛夷

花芽的类型❷

侧芽型

枝的每节都会长出花芽的类型。花芽长在枝的侧面,枝的前端为叶芽。

树木种类 梅、桃、丹桂、紫荆、夏椿、郁李等

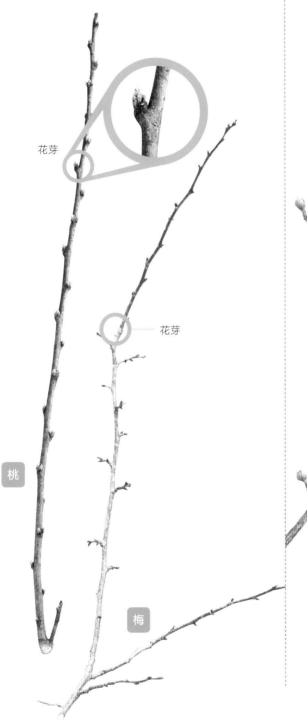

花芽

花芽

桃

梅

花芽的类型❸

混合型

枝头和枝节都可以长出花芽的类型。在枝头的两侧都长有花芽,叶芽长在枝条基部。

树木种类 山茶、山茱萸、紫薇、木槿、大花六道木、日本金缕梅、木芙蓉、连翘、蜡瓣花等。

山茶

花芽

花芽

山茱萸

蜡瓣花

花芽

针对不同花芽类型的修剪方法

花芽的生长位置不同，修剪方法也有所不同。顶芽型在花芽分化后最好不要修剪。侧芽型和混合型，修剪后花芽数量会减少，但并不是完全不会开花。虽然花的数量很重要，但如果树形较乱，即使花的数量较少，也需要修剪。

生长过长的枝

叶芽

花芽

不易长花芽的长势旺盛的枝，要从分枝处疏剪。

日本辛夷

顶芽型的修剪

花芽分化以后，切勿修剪枝头。这类枝条应在开花后不久进行修剪。长势太过旺盛的枝，宜在落叶期实施剪短。疏剪树枝密集的部分，花的数量也会减少。

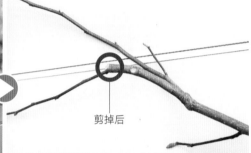

剪掉后

侧芽型的修剪

不是全部枝上都长花芽，因此，没有花芽的枝先端部分在开花前也可以修剪。为了保持树形的美观进行修剪，会减少花的数量，但并不会完全没有花。

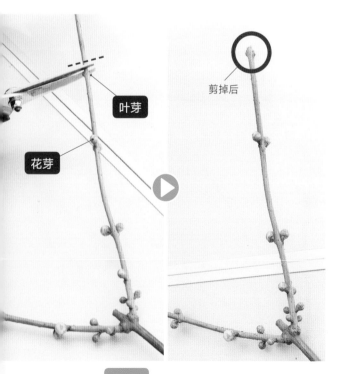

叶芽

花芽

剪掉后

蜡梅　留下花芽，从叶芽的上方剪断。

日本金缕梅

剪掉后

生长过长的枝

花芽

花芽少、长势旺盛的枝，容易导致树形杂乱，因此需要剪掉。

28

混合型的修剪

中长枝容易长出花芽。徒长枝等不仅打乱树形，也不易长出花芽，因此可以剪掉。这类型的树，为了保持树形的美观进行剪枝，会减少花的数量，但不会完全没有花。

剪掉后

太过粗壮的枝

花芽

山茶　　非常粗的枝要从分枝处剪掉

主要观花树木的修剪期

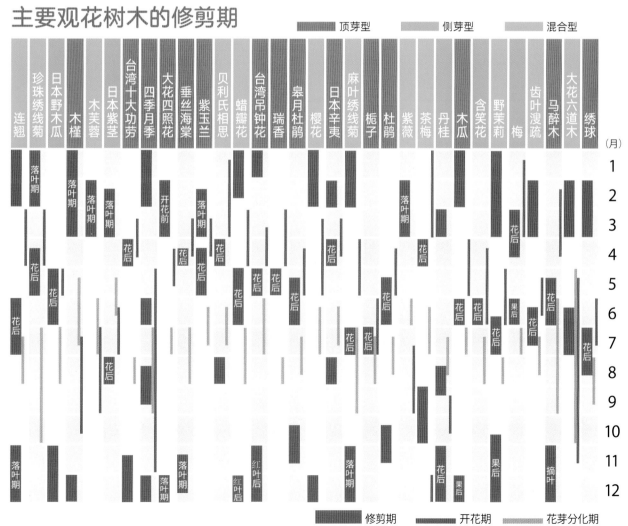

顶芽型　　侧芽型　　混合型

修剪期　　开花期　　花芽分化期

庭院花木及整形修剪相关术语

芽·花

萌芽力

- 树木发芽的能力。一般指修剪后，从切口附近发芽的能力。

内芽

- 从主干的角度看位于枝条内侧的芽。向植株的内侧生长。

外芽

- 从主干的角度看位于枝条外侧的芽。向植株的外侧生长。

顶芽

- 枝和茎的顶端生长出来的芽。

侧芽（腋芽）

- 位于枝的侧面或叶的基部与枝连接处内侧的芽。

花芽

- 长成花或花序的芽。比叶芽圆，且较大。

叶芽

- 长成叶子或树枝的芽。比花芽小且细。

定芽

- 芽的生出有固定部位，如顶芽、腋芽等，这种在一定部位生出的芽，称为定芽。

不定芽

- 从定芽以外的地方长出的芽。比如从树干或粗枝上一般不会长芽的地方长出的芽。
- 重度修剪后容易出现。

花芽分化

- 指顶芽或腋芽分化为花芽的过程。

花后

- 开花之后的一段时间。修剪期的大概标准。

枝

新梢

- 在当年由芽长成的新枝。也称为当年枝或1年生枝。

冠顶主枝

- 在树冠顶部最有生命力的枝。

主干

- 植株的中心干。

徒长枝

- 与其他枝相比，生长速度及长势过强的枝，会影响树形，是无用枝中的一种。

缠绕枝

- 相互缠绕的枝条。枝与枝之间太过紧密相互摩擦，最终导致枝叶纠缠在一起，光照和通风会受到影响。属于无用枝。

树冠

- 主干以上的部分为树冠。

并生枝

- 从树干同一位置长出的多个枝条。留下向外生长的1～2枝，其他的从枝的基部去掉。属于无用枝。

交叉枝

- 相互交叉的枝。考虑整体均衡美观的前提下去掉

1 枝或几枝。属于无用枝。

直立枝

- 垂直向上生长的枝。长势旺盛，扰乱树形。属于无用枝。

内向枝

- 向植株内侧生长的枝，也称逆向枝。会影响光照和通风，因此需从基部剪掉。属于无用枝。

萌蘖枝

- 从植株基部长出的细弱枝。因为会影响主干的生长势头，一般从枝条基部剪掉。需要增加树干或更新树干时留用。一般属于无用枝。

细弱枝

- 生长在主枝基部的细弱枝。阻碍树冠内部通风，也是导致枯萎的原因。属于无用枝。

平行枝

- 向相同方向生长的枝，也称为重叠枝。破坏树形的平衡，且会成为枝叶拥挤的原因。因此留下需要的1枝，其余的剪掉。属于无用枝。

萌生枝

- 主干上长出的细弱枝，也叫干生弱枝。
- 导致枝条密集的原因，且会枯萎，因此要从枝条基部剪掉。属于无用枝。

剪枝

缩剪

- 将粗枝或长枝从中间或从分枝处剪断，更新成细枝或使其长出新枝的修剪。

疏剪

- 将密集处的枝条整枝剪掉，通过减少枝条的数量，达到疏枝目的。

重剪

- 为了缩小树的体积，在接近枝条基部的位置修剪。因为会剪掉大量的枝条，所以一般在落叶期进行。

轻剪

- 在枝头附近位置的修剪。修剪程度较轻。

更新

- 将旧枝去掉，以培养附近新枝代替其生长的技术。此外，把粗枝剪短以发展细枝也称为更新。

诱引

- 为了做出理想的树形，利用支柱和绳子等诱导改变枝或蔓的生长方向。

摘叶

- 徒手将老叶揪掉。

树木的性质

乔木

- 有一个直立主干，株高10米以上的木本植物称为乔木，5米以上的称为小乔木。

灌木

- 没有明显主干，成年植株高度在3米以下的木本植物称为灌木，1米以下的称为小灌木。

雌雄异株

- 雌花和雄花分别生长在不同植株上的现象。雄株

只开雄花，雌株只开雌花。为了结出果实，雌株、雄株必须混栽。

矮种

- 不会长很高的树种。乔木的管理比较费力，因此在同类树中选择矮种，会比较节省劳动力。

肥料

化肥

- 用化学或物理方法制成的含有一种或几种营养元素的肥料。大多数易溶于水，具有速效性。

有机肥

- 油渣、堆肥、鸡粪等以动植物材料为原料制成的肥料。不会立马产生肥效，但会在长时间内缓慢释放养分，肥效期较长。

堆肥

- 有机肥的一种。由稻草、落叶、杂草、牲畜排泄物等通过微生物发酵、完全腐熟分解后制成。

冬肥

- 为了在春天更好的发芽，在冬季树木休眠期间施用的肥料。为了延长肥效期，一般施用有机肥。

礼肥

- 因开花结果而树势变弱，为了恢复树势而施用的肥料。肥效快的化肥较为适合。

春季花木

spring tree

梅

别名：白梅花

留下容易长花芽的短枝

梅大体分为观花用的花梅和结果用的果梅。有红色、白色、红白色等多样的花色，还有垂枝性的种类。花和树形都具有较高的观赏价值。

推荐品种 **王牡丹**（开白色重瓣大花）
如意（长出红色和白色两种花）

栽培月历

（月）	1	2	3	4	5	6	7	8	9	10	11	12
状态			开花	发芽		结果	花芽分化			落叶		
工作			修剪			修剪					修剪	
病虫害		介壳虫		蚜虫			刺蛾					

栽培环境

日本北海道南部至九州

耐寒性 **强**
耐热性 **中**
耐阴性 **弱**

土质 … 排水好的肥沃土壤

常见树形

自然树形

推荐树形

半球形

高 2.5～6米
宽 1.5～8米

开花前的修剪

剪掉徒长枝 Ⓐ

1 剪掉向内生长的徒长枝。

徒长枝

剪掉

剪掉

剪掉后

2 没有了徒长枝，树干整洁了许多。

修剪前

徒长枝和细枝生长旺盛，树形看起来比较混乱。需要进行修剪，但要注意留下花芽。

B

D

C A

1 徒长枝长势太强，比较显眼。

徒长枝

2 将徒长枝剪短到长花芽的短果枝上方。开花结束后可以从枝的基部剪掉。

长花芽的短果枝

剪掉

剪短徒长枝 **B**

直立向上生长的徒长枝

剪掉

3 为了控制树的高度，把植株上部的徒长枝剪短到方便打理的位置。

粗且长势强的徒长枝

剪掉

3 如果是影响植株整体美观的粗壮徒长枝，即使有花芽，也要剪短到有小枝的位置。

4 剪掉之后。整理徒长枝的同时尽量保留花芽。

专业技术 修剪要点

- 夏天的修剪主要是去掉徒长枝和内部直立枝等无用枝。起到间枝的效果。
- 冬天的修剪主要剪短较长的枝，让其长出能长花芽的短果枝。
- 花后在发芽前，可以将粗枝剪掉进行整形。

枯死枝

枯死枝

萌生枝

1 枯死枝和萌生枝比较显眼，需要剪掉。

留下更新用的小枝

剪掉

剪掉

剪掉 剪掉

2 把需要更新用的小枝留下，去掉枯死枝。

更新用小枝

3 枯死枝、萌生枝被剪掉后，变得非常整洁。

主枝流线的梳理 D

影响流线的枝

主枝

剪掉

将影响主枝流线的枝条从基部剪掉。

管理秘诀

★ 栽植和移植都要在落叶期进行。如果在发芽后进行，需切断正在延伸的根，促进新根产生，否则，栽后容易枯芽。

★ 为了花芽的生长，需栽植在光照条件好的地块。

★ 长新芽的时期，会有蚜虫，叶子会卷曲，因此需要喷洒农药进行防治。

★ 有些果梅品种，需要其他梅树的花粉才能结果。因此需要在其周围栽植授粉树，或者改种不需要授粉树也能结果的品种。

修剪后

整理徒长枝后树木变得整洁。但由于留下了先端的花芽，植株上部比较混乱。因此，花后需要再次进行修剪。

E

F

G

花后的树体整形

向植株内侧生长的粗枝

小枝

剪掉

直立的徒长枝

剪掉

形状不美观的枝

剪掉

1 将交叉枝和内向枝从基部剪掉。这时可以将粗枝剪掉重新做树形，这里首先要把内向枝剪到有小枝的位置。

2 将向上生长且生长势强的枝从基部剪除。如果是枝少的部位，可以将其剪短，发出新枝。

3 将上部不好看的分枝剪去。树形修整需要大胆尝试。

4 在整理顶部时，先选定做冠顶主枝的1根，其余的全部整枝剪掉。

树体整形后

留下了作为主要构架的枝，其余的都被剪掉了。没有了杂乱的感觉，看上去生命力非常强。

冠顶主枝

麻叶绣线菊

别名：麻毬、麻叶绣球

将老硬枝更新为柔软枝

花枝上聚集着小白花，整体开花高度不够高。若枝条够长够柔软，在众多小花重量的作用下，枝条会弯曲下垂，使植株整体非常好看。

推荐品种	重瓣麻叶绣线菊（开重瓣花） 粉冰（新芽是淡粉色，秋天变红色）

栽培月历

（月）	1	2	3	4	5	6	7	8	9	10	11	12
状态			发芽	开花		花芽分化				落叶		
工作	修剪					修剪					修剪	
病虫害	无											

栽培环境

日本北海道至九州

耐寒性 强
耐热性 中
耐阴性 弱

土质 … 排水好的沙质土壤，且不易干燥的场所

常见树形

自然树形

推荐树形

丛状树形

高
1～2米

宽
1.5～2.5米

专业技术 修剪要点

- 剪枝在花后马上进行。
- 将老枝、长势强且伸长过长的枝剪短到有新枝的位置。将又老又硬的枝从基部剪掉。
- 长势旺盛的新枝和徒长枝不会长出花芽，因此剪短会促进长出分枝。
- 对于新枝，留下长有花芽的部分，略微剪短即可。
- 想让大树重返生机，可以控制树体的大小，在几年内进行一次将部分枝条从基部剪掉的修剪。

管理秘诀

- ★ 喜好略微湿润的环境。干燥的环境容易引起枝叶枯萎。
- ★ 抗病虫害能力强，易结实，容易栽培。

修剪前

树枝纵横交错，树形凌乱。树干被枝叶完全遮住。

整理树基

细弱枝

剪掉

剪掉

1 树基杂乱。整理老硬的粗枝、枯死枝、生长特别旺盛的枝和细弱枝。

老枝

剪掉

2 将发白的老枝从分枝处剪短，使其更新出新枝。

修剪**后**

> 限制了高度，通风条件改善，内部也能受到阳光的照射。枝干的流线也清晰可见。

剪短枝头

生长过于旺盛的新枝上不易开花，因此要进行剪短，使其分枝。

此外，开花过多的枝，在下一年不会再开花，需要剪掉。

开花过多的枝

花后

剪掉

樱 花

别名：吉野樱

从幼树时期开始修剪，控制体积

日本春季最具代表性的观花树木。不仅树皮好看，秋天还能观赏到艳丽的红色叶子。但该树能长很大，因此，需要从幼树时期就进行管理。

推荐品种
彼岸樱（春分时节开花）
富士樱（体积小，适合庭院栽植）

栽培月历

（月）	1	2	3	4	5	6	7	8	9	10	11	12
状 态				发芽							落叶	
				开花		花芽分化						
工 作	修剪											修剪
病虫害					美洲白蛾							

栽培环境

土壤肥沃的地区

耐寒性 中
耐热性 中
耐阴性 弱
土质 … 肥沃的土壤

常见树形

自然树形

推荐树形

多样的树形

高 4～25米
宽 2.5～20米

专业技术 修剪要点

- 剪掉老枝后，从剪口开始腐烂。因此有"樱树不剪，梅树必剪"的说法。但是，如果放任不管，就会长到无力挽回的程度。因此，樱花从小树开始进行轻度修剪，控制体积是关键。修剪时可以结合使用防止伤口腐烂的愈合剂。
- 树枝有向光生长的习性，因此把无用枝剪掉，让树冠内部也能有均衡的光照。

修剪前

长得非常高。枝数较多，叶密集，通风不良，内部得不到光照。

控制树高

剪掉粗枝

专业技巧 直径2厘米以上的粗枝切口容易腐烂，可涂愈合剂和杀菌剂。

长势旺盛的粗枝

剪掉

剪掉后

1 长势旺盛的粗枝叶子多，枝条1年内能伸长5厘米左右。需要将这样的枝从基部剪掉。

2 用修枝锯将枝从基部锯下。

剪掉徒长枝

徒长枝　**剪掉**

1 生长旺盛的徒长枝非常显眼。徒长枝不易开花，需从基部剪掉。

残枝　**树冠**　**剪掉**

2 留下的枝伸到了树冠外面，可将其剪短到理想位置。

该枝会长很长　**树冠**

3 剪短后的状态。枝条高度整齐。

分三叉的树枝

长势最强的枝　**剪掉**

1 向3个方向分叉的树枝，剪掉长势最强的一枝。

用于更新的枝

2 剪掉了中间较粗的一枝。使两侧稍细的枝继续生长。这样树冠外层变小，并更新为细枝和新枝。

管理秘诀

★ 喜好光照充足，通风、排水良好的场所。因此，避开朝北的场所。树会长到很大，栽植的位置不要太靠近建筑物。

★ 染井吉野樱等是比较普遍的品种。尽量避免种植生长过高而难以修剪的品种，选择生长缓慢的小型品种。

使树冠通透

交叉　**剪掉**

从基部剪掉影响光照和通风的交叉枝、萌生枝、内向枝。

修剪后 树高得到了控制，内部也能照射到阳光，通风条件改善。

41

厚叶石斑木

别名：车轮梅

花后平剪

生长在海岸附近，耐潮湿，因此适合在海岸附近的家庭种植。可以大量平剪，一般也做成绿篱。

推荐品种 **粉色孩童**（花多）
姬车轮梅（红色叶子和白色花）

栽培月历

（月）	1	2	3	4	5	6	7	8	9	10	11	12
状 态								花芽分化				
					开花					结果		
工 作	修剪					修剪				修剪		
病虫害	无											

栽培环境

日本东北南部至南部地区

耐寒性 **弱**
耐热性 **强**
耐阴性 **弱**
土质 ··· 排水好的土壤

常见树形
自然树形　绿篱

推荐树形
圆球形

高 ← 1.5～3米 → 低

宽 ← 1～1.8米 →

限制树冠的体积

在一年内伸长的长度

长势强的粗枝

1 能从一个生长点长出多个分枝是该花木的特点。剪掉其中较粗且长势强的一枝。长势强的树枝叶子多，如果放任不管，会继续伸长，影响整体树形。

使树冠通透

管理秘诀

★ 喜好光照充足、排水良好的场所。耐寒性弱，避开朝北的场所。

★ 不适合移栽，尤其要避免对成树的移栽。

长势强的粗枝

剪掉

2 剪短到分叉处。如果是粗枝，可以用修枝锯处理。

1 如果长有轮辐似的枝，需要剪掉。

剪掉

剪掉　剪掉

剪掉后

2 枝数减少后，植株简洁，整齐了许多，此外，树冠内部也能照射到阳光。

43

蔷薇科·唐棣属

加拿大唐棣

别名：六月莓

整理频繁生长的萌蘖枝

不止有在春天开的白花，在秋天还能欣赏到果实和红叶。结出成串的果实，不仅可以直接食用，还可制作成果酱和果酒。

推荐品种　**Thyssen**（果实较大）
拉马克唐棣（花多，果实为红色）

栽培月历

（月）	1	2	3	4	5	6	7	8	9	10	11	12
状　态				发芽		结果	花芽分化				红叶·落叶	
				开花								
工　作		修剪					修剪					
病虫害							天牛					

栽培环境

日本北海道南部至冲绳

耐寒性 **强**
耐热性 **强**
耐阴性 **中**

土质 … 除干旱以外的土壤

常见树形

自然树形

推荐树形

丛状树形

高　2.5～10米
宽　1.5～8米

整理萌蘖枝

萌蘖枝
剪掉
剪掉
剪掉

1 从树根处长出萌蘖枝。需要将萌蘖枝从地面或基部剪掉。如果放任不管，树会横向发展。

2 修剪后。树的基部变得整洁。

修剪前

从树基部长出许多萌蘖枝。树内部的枝也很密集。

整理树形

剪掉过于开张的枝

广角分枝

剪掉

剪掉

1 树枝与树干的角度较小时比较美观。因此,在整理枝的时候,应剪掉广角分枝。

2 修剪后,没有了与周围树干交叉的情况,变得整洁美观。

专业技术 | 修剪要点

- 如果想整理成单干形,需要把接连不断长出的萌蘖枝紧贴地面剪掉。如果想做成丛状树形,利用萌蘖枝培养3～4根主干为宜。
- 主干会直立生长,但是树枝容易缠绕在一起。因此,需要整理缠绕枝、内向枝、细弱枝。

剪掉无用枝

直立枝

剪掉

1 直立枝不易开花。如果向内生长会造成拥挤。因此需要剪掉。

内向枝

剪掉

2 整理上方的缠绕枝。内向枝会长粗,因此应首先剪掉。

可以剪掉的粗枝

右侧的细枝

修剪后

萌蘖枝和缠绕枝得到清理。待右侧的细枝长粗后,可以把中间的粗枝剪掉。

管理秘诀

★ 栽植、移植在落叶期进行。喜光,但是半阴环境也可以生长。

★ 一般无病虫害,仅偶有天牛的幼虫钻进树干。若在树下发现木屑状的虫粪,需进行捕杀或喷药。

3 修剪后。内部的光照变得充足。加拿大唐棣是观果树,因此光照非常重要。

皱皮木瓜

别名：木瓜海棠、榠樝

树体下面修剪成扇形

根据用途和环境选择合适的品种。有春季开花、秋季开花、四季开花的品种。

推荐品种	东洋锦（开出红白两种花） 七变化（花色由白色变粉色）

栽培月历

（月）	1	2	3	4	5	6	7	8	9	10	11	12
状 态			开花（春季开花品种）				结果	花芽分化	落叶	开花（秋季开花品种）		
工 作	修剪		修剪								修剪	
病虫害	介壳虫		蚜虫							介壳虫		

栽培环境

日本北海道至九州

耐寒性 **强**
耐热性 **强**
耐阴性 **弱**

土质 … 排水性好的沙质土壤

常见树形

自然树形

推荐树形

扇形

高 ← 1～2米 →

宽 ← 1～2米 →

- 花后树枝生长迅速，树形受到干扰。因此需要整成下面是扇形扩展的自然树形。
- 从树根部长出许多萌蘖枝，树内部枝条变得拥挤，相互缠绕。这种状态会影响树内部的通风透光性，要把萌蘖枝贴地面剪掉。

修剪**前** ▷ 花后枝生长过旺，树形被破坏，内部杂乱。

修剪**后** ▷ 整理成扇形扩展的自然树形。基部的枝数减少，枝条清晰可见。

整理树基

剪掉枯死枝

受伤的老枝

剪掉

在树基处有老枝和枯死枝等缠绕在一起。贴着地面剪掉这些枝。

剪掉徒长枝

细枝

剪掉

较长的枝

徒长枝会破坏树形，因此剪短到有细枝或短枝的位置。

整理萌蘖枝

枯死枝

萌蘖枝

剪掉

剪掉

剪掉

1 如果枝数足够，把多余的萌蘖枝贴地面剪掉。

2 基部枝条整洁，清晰。

专业技巧 枝数少的情况下，可以留下向理想方向生长的萌蘖枝。

剪掉粗枝

粗枝

剪掉

剪掉后

生长的方向

1 剪短破坏树形、长势强的粗枝。从略微高于芽的位置剪掉。

2 剪掉后枝的走向由切口附近腋芽的生长方向决定。利用这一特性可以控制树形。

管理秘诀

★ 光照不足的环境下不易开花，因此，避免在采光差的地方栽植。

★ 如果干旱，叶子枯萎，就不会长出花芽。因此，夏季要勤浇水，防止干旱。

垂丝海棠

别名：海棠

多留短枝，增加花数

　　树上长满从深红色到浅红色的花朵。如果长出较短的花枝，花数会增多。该树种除了可以剪成一般树形之外还可以剪成绿篱。

推荐品种	**重瓣垂丝海棠**（开重瓣花）

栽培月历

(月)	1	2	3	4	5	6	7	8	9	10	11	12
状　态				发芽							落叶	
			开花				花芽分化					
工　作				剪短							轻剪	
病虫害				蚜虫·梨冠网蝽			叶螨					

栽培环境

日本北海道南部至九州

耐寒性	强
耐热性	中
耐阴性	弱

土质 ··· 排水良好的肥沃土壤

常见树形

自然树形　标准树形

推荐树形

半球形

高　1.5～7米

宽　0.8～7米

调整树形

剪掉平行枝和交叉枝

1

交叉处

长势过强的平行枝

剪掉

树枝整体向左生长。将枝条伸向左边且长势过强的平行枝从基部剪断（树枝前端形成了交叉枝）。

专业技术　修剪要点

- 树枝的生长不规则。需要重剪，不然徒长枝过多，修剪费力。如果是轻微的不规则生长，可以轻剪。
- 徒长枝上不长花芽，所以将其剪短，促进长出带有花芽的短枝。

修剪前

A

树枝纵横交错。徒长枝显眼。

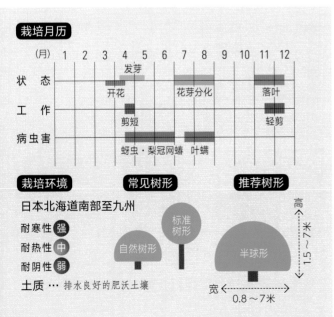

枯死枝的修剪

1 剪掉树干上的枯死枝。

枯死枝

剪掉

2 剪掉后还要继续整理萌生枝、细弱枝、萌蘖枝等。之后，作为主枝向上延伸的枝将被修剪为新的冠顶主枝。

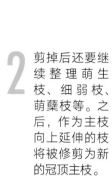

冠顶主枝的分枝

2 再剪去一根生长势强的平行枝。

剪掉

3 修剪后，没有了破坏树形的枝条或是缠绕在一起的枝条。

冠顶主枝的更新 Ⓐ

要培养的冠顶主枝

短枝

剪掉

1 想留作冠顶主枝的枝有些徒长，可剪短到长有短枝的位置。

专业技巧

有徒长倾向的枝不易长出花芽。因此需要剪短。剪短后长出短枝，可以长出花芽。

曲折生长

2 修剪后，留下的短枝开始生长。枝曲折延伸比较美观。因此，要在与留下的枝条伸长方向相反的分枝处进行修剪。

修剪后

去掉了徒长枝和枯死枝等，留出了新的冠顶主枝，树形得到修整。

管理秘诀

★ 栽植在发芽前的2～3月进行。以光照充足，排水好的场所为宜。根容易受伤，移植最好在落叶期进行。

★ 在新芽开始长叶的时期，容易受蚜虫和冠网蝽类危害，因此要在枝上施用杀虫剂。

桃

别名：花桃

保持扫帚形的树形

开满树枝的粉色与白色花朵非常好看。这是观花用的花桃。有直立形、垂枝形等品种。最近流行扫帚形。

推荐品种 **照手姬**（扫帚形、体积小，开桃色重瓣花）

栽培月历

（月）	1	2	3	4	5	6	7	8	9	10	11	12
状 态				发芽							落叶	
			开花			花芽分化						
工 作		修剪										
病虫害	缩叶病·介壳虫				蚜虫·食心虫							

栽培环境

日本北海道至九州

耐寒性 **强**
耐热性 **强**
耐阴性 **弱**

土质…排水好的沙质土壤

常见树形

自然树形

推荐树形

扫帚形

高 2.5～10米

宽 0.8～13米

剪掉横向生长的枝

横向生长的粗枝

剪掉

1 将横向生长的枝从基部剪掉。若从枝条中部剪掉，之后还会长出来。

专业技术 **修剪要点**

- 扫帚形的品种即便是放任不管，树形也易保持良好。但为了防止生长过高，需要疏剪生长过快和横向长势强的枝。

- 果树生长较快，如果不修剪，很快就会难以管理。剪短冠顶主枝之后，还要连续3～4年剪去从剪口长出的粗枝。之后发展侧枝作为主枝。

管理秘诀

★ 栽植和移植都在落叶期的12月到翌年3月进行。最好是选择排水好的沙质土壤。如果在板结的土壤上栽植，要覆厚30厘米以上的土层。

★ 病虫害会影响生长和开花。在防治虫害的同时，特别要注意缩叶病，需要在冬季喷洒药剂。

限制树高

上面的粗壮枝

向上生长的强枝

剪掉

细枝

剪掉

2 修剪后，没有了横向枝，形成扫帚形。

1 树高过高，剪短向上生长的粗枝，留下同样向上生长的细枝。

2 把向上生长长势最强的枝剪掉，长势强的枝还有不少，需要继续修剪。

修剪前

横向生长的枝破坏了树木原有的扫帚形的树形。此外，树木生长过高。

修剪后

树高得到了限制，做成了外形美观、内部清晰的扫帚形。枝之间的透气性得到改善。

扫帚形的树形需要细枝，不能疏剪过量。但是，如果有过于密集的部分，可将不要的枝整枝剪掉。

蔷 薇

别名：刺玫

冬季强剪

　　蔷薇的园艺品种有超过1.5万种。不只是花色和花形不同，还有蔓生、匍匐等多种类型，有多种多样的观赏方式。

推荐品种	**混合蔷薇**（花大） **老蔷薇**（灰色，有优雅的香味）

栽培月历

（月）	1	2	3	4	5	6	7	8	9	10	11	12
状 态	发芽				开花		花芽分化			落叶		
					开花（四季开花品种）							
工 作	修剪				修剪		修剪				修剪	
病虫害				黑斑病·白粉病·叶螨								

栽培环境

日本北海道南部至九州

耐寒性 中
耐热性 中
耐阴性 弱

土质 … 排水和保水性较好的肥沃黏土

常见树形

绿篱

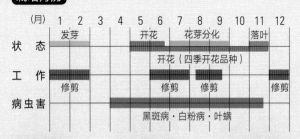

推荐树形

丛状

高 0.3～1.5米

宽 0.3～1.5米

- 四季开花的品种在夏季剪除徒长枝和细弱枝，其余枝轻微剪短，有利于秋季开花。
- 在12月至翌年2月的落叶期，将每条枝剪短1/3。为了让枝向外生长，在外芽上方剪短。

落叶期的修剪

枯死枝
剪掉

1 枯死枝从基部剪掉。

枯死枝
朝向内侧生长的芽
外芽
剪掉

2 枝上朝向内侧的芽，会让内部变得密集，要将该枝剪短到有外芽的位置。

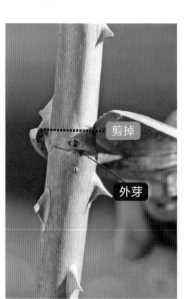

剪掉
外芽

3 粗枝生长快，需要从外芽上方剪短。

管理秘诀

★ 大苗在12月至翌年2月进行栽植，新苗在4月上旬到5月末栽植。移植宜在冬季进行，但要避开严寒期。

★ 光照不足会阻碍开花并引发病虫害。

杜鹃花科·杜鹃花属

杜鹃·皋月杜鹃

别名：山跌蠋·西鹃

通过平剪打造树形的乐趣

杜鹃是同属中开花较早的种类，是日本具有代表性的春季庭院树，有常绿和落叶两种类型。

推荐品种　**菱叶杜鹃**（早春开花，先开花后长叶，花紫红色。落叶类）

栽培月历

（月）	1	2	3	4	5	6	7	8	9	10	11	12
状态				发芽							落叶	
				开花		花芽分化						
工作					修剪					修剪		
病虫害				玫瑰钻夜蛾·梨冠网蝽								

栽培环境

日本北海道南部至九州

耐寒性 **强**
耐热性 **强**
耐阴性 **中**
土质 … 排水和保水性好的酸性土壤

常见树形

自然树形　绿篱

推荐树形

半球形

高 0.5～2.5米
宽 1～2.5米

1 先按照剪后的高度平剪树冠，再围绕树体中心剪成球形。这样操作树冠不容易歪曲不平。

专业技术　修剪要点

- 一年进行2次修剪枝。第一次是在花后马上进行。此时还没有生成花芽，可以进行强剪。第二次是在秋季。此时花芽已经长成，因此剪短长枝即可。
- 持续的平剪会造成枝叶密集、内部枯萎。因此，粗枝需要短截或直接剪除。
- 萌芽力强，如果想缩小体积，需要强剪至叶子都不剩。
- 花后摘除残花，防止长出果实对养分的消耗，引起树体营养缺乏。重瓣花、八瓣花的品种没有果实，不需要摘除花柄。

修剪**前**

花后没有进行修剪，树形杂乱。

一只手稳住大平剪，摆动另一支手进行修剪，这样大平剪不会晃动。

大平剪略倾斜，刀尖朝上使用。

向上

中心

2 上部剪平，从侧面看树的外形。

从侧面向下推剪

1 从平整的顶部向下修剪。

2 将树最下面的部分略向内侧修剪，接近圆形会更好看。

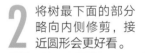

向下

将大平剪翻过来，刀尖朝下使用。

使树体内部通风透光

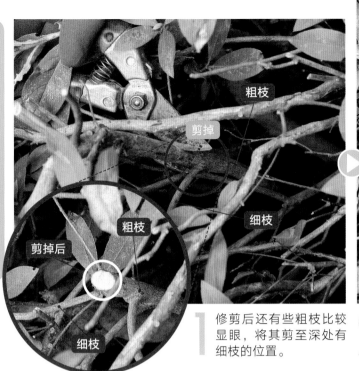

粗枝

剪掉

粗枝

细枝

剪掉后

粗枝

细枝

粗枝

剪掉

1 修剪后还有些粗枝比较显眼，将其剪至深处有细枝的位置。

2 剪短粗枝，将粗枝更新为细枝，能形成好看的树形。

管理秘诀

★ 栽植、移植一般在3月进行，但如果是温暖地区则不限时间。喜酸性土壤，栽植时可以混入泥炭藓。

★ 光照不充足，会导致开花减少。

扫落枝叶

最后，将剪掉的枝叶用竹扫帚清理干净。

玉崎派

手制竹扫帚

清理散落在树上的枝叶，使用竹扫帚不会伤到树体。将修剪下来的竹条用棕榈绳绑紧，再将扫帚柄末端切整齐即可使用。

修剪后

体积小了一圈，做成了好看的半球形，内部通风透光改善。

马醉木

别名：日本马醉木

枝叶通透，彰显树形的魅力

从初春到整个春季结束，开出坛状的花朵。
耐阴性较强，因此在建筑物附近等处栽植较好。

推荐品种
圣诞红（开红色的花）
春铃（开白色和淡红色的花）

栽培月历

（月）	1	2	3	4	5	6	7	8	9	10	11	12
状态			开花		发芽		花芽分化					
工作					修剪						修剪	
病虫害				梨冠网蝽			叶螨					

栽培环境

日本北海道（札幌）至冲绳

耐寒性 中
耐热性 中
耐阴性 强
土质… 不适宜干燥土壤

常见树形

自然树形

推荐树形

丛状树形

高 0.6～1.5米
宽 0.6～1.5米

限制树高 Ⓐ

强势向上生长的冠顶

树冠

剪掉

剪掉后

将强势向上生长的冠顶主枝从分枝处剪掉。

修剪前

Ⓐ

生长过高，树形杂乱。树冠内部枝条拥挤，并且有枯萎的趋势。

整理树冠

生长势强的枝

剪掉

1 疏剪生长势强的枝，避免扰乱树冠外形。

树冠

伸出的树枝

剪掉

2 将伸出树冠的枝剪短到树冠内部稍深的位置。

3 马醉木有从同一处长出5～6根分枝的特性。疏剪强枝，统一树枝的粗细和长度。防止长势强的粗枝破坏树形。

剪掉后

长势强的粗枝

剪掉

修剪后

树高得到控制，树冠被整理成卵形。整体通风透光良好，光照改善。

专业技术 修剪要点

- 除了花以外，树形和叶子也都非常具有观赏价值，因此避免平剪，可采用疏剪。
- 内部容易出现枯枝，注意及时清理。
- 冬季摘掉老叶，只留下色泽鲜艳的新叶，提高观赏价值。

管理秘诀

★ 避免在严寒期栽植或移栽。

★ 虽然喜好半阴的环境，但在阳光充足的地方更有利于开花。

★ 马醉木含有有毒成分。但是在不入口的情况下没有危险。

★ 如果叶子变白，是叶螨或梨冠网蝽发生的信号，需喷洒农药，进行防治。

石楠杜鹃

别名：日本马醉木

花后管理很重要

　　石楠杜鹃分为小型品种和大型品种。市场上现有品种大部分都是这两类的杂交品种。体积小，开花较多，深绿色的叶子非常适合做背景。可以将背阴处的庭院装饰得非常华丽。

推荐品种	西洋杜鹃（开紫色大花） 吾妻杜鹃（日本有人气的石楠品种）

栽培月历

（月）	1	2	3	4	5	6	7	8	9	10	11	12
状 态				开花		花芽分化						
工 作					修剪·摘芽·摘残花							
病虫害				蚜虫·梨冠网蜡								

栽培环境

日本北海道至九州

耐寒性 中
耐热性 中
耐阴性 中

土质 … 略微带有湿气的肥沃酸性土壤

常见树形

自然树形

推荐树形

半球形

高 0.8～4米
宽 0.8～4米

专业技术　修剪要点

- 花后摘掉花柄，防止结果。花柄基部花轴可以用手简单折断。如果已经结果，将果实与花柄基部一同摘掉。
- 花后长出的新梢较多时，减少到 2 ～ 3 根即可。
- 想缩小体积时，可以进行只留下主干的强剪。马上会长出许多新梢，2年后就可以开花。

疏剪花后的新梢

长势弱的新梢

长势强的新梢

1 花后从枝头长出几根新梢。疏剪掉长势太强和太弱的，留下2根中等的。

2 长势强的新梢从基部摘掉。用手可以轻松折断。

剪短徒长枝

徒长枝

细枝　剪掉

出现扰乱树形的长枝或者想缩小树的体积时，将太长的枝剪短到有细枝的位置。

剪掉

发芽

没有细枝的情况下，可以从芽（叶）的上方剪短。

折断后

折断后的枝头

3 将留下的新梢从芽的上方折断。折断后经过1个月，就会长出花芽。

4 以这种方式对全部的枝头进行处理。

管理秘诀

★ 喜酸性土壤，栽植时可以用鹿沼土和泥炭藓、腐叶土等混合使用。

★ 根系较浅，抗旱性较弱，耐阴性较好，因此，适合栽植在树下方或建筑物东侧。

蓝 莓

别名：笃斯越橘

使内部通风透光

蓝莓主要有抗寒性强、适合温凉地区的半高丛蓝莓和抗寒性弱、适合温暖地区的兔眼蓝莓两个系列。栽植1种虽也能结果，但栽植2种以上品种，结果率会得到改善。

推荐品种
威茅斯（半高丛蓝莓。果实大）
蓝铃（兔眼蓝莓。适宜庭院栽培）

栽培月历

(月)	1	2	3	4	5	6	7	8	9	10	11	12
状态			发芽							红叶·落叶		
				开花			花芽分化					
工作	修剪						修剪					修剪
病虫害	无											

栽培环境

日本北海道至冲绳

耐寒性 **强**
耐热性 **强**
耐阴性 **中**
土质 … 排水好的酸性土壤

常见树形

自然树形

推荐树形

丛状树形

高 ← → 1～5米

宽 ← → 0.8～7米

专业技术 修剪要点

- 从树根处长出许多枝，可以利用天然的树形，做成丛状树形。
- 实施夏季剪枝时，剪短长势过强的新梢前端。下一年，从剪短处长出能长花芽的新枝。
- 冬季的剪枝，主要是疏剪结果后长势变弱的枝和杂乱的枝，更新枝条。

管理秘诀

★ 温暖地区，在11～12月栽植。寒冷地区在3月进行。
★ 栽植半高丛蓝莓，为防止干旱，可在树根处放置木片或稻草。

冬季修剪

没有花芽的徒长枝

剪掉

1 将不易长出花芽的徒长枝整枝剪掉。

2 剪掉朝下生长的弱枝，更新为新枝。

新枝

细枝

剪掉

3 整理杂乱的枝条。看似从地面长出的枝过多，但将来更新时可以留用，因此，不能剪掉。比起树形，更注重结果。

为了让每个枝都能照射到阳光，把枝拉向外侧，降低树的高度。

更新枝条时所需的新枝是乳白色的。

山茱萸科·山茱萸属

山茱萸

别名：枣皮

促进长出更多花芽

初春在发芽前，促使植株开出许多淡黄色的小花，秋天结出鲜红的果实。除了标准树形之外，还可以利用萌蘖枝做成丛状树形。

推荐品种 **金时**（结果性好）
巧克力（在树苗时就能开花）

栽培月历

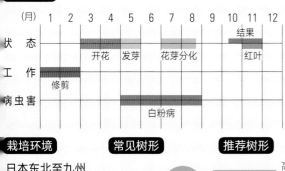

（月）	1	2	3	4	5	6	7	8	9	10	11	12
状态			开花	发芽		花芽分化				结果 红叶		
工作	修剪											
病虫害					白粉病							

栽培环境

日本东北至九州

耐寒性 **强**
耐热性 **中**
耐阴性 **弱**
土质 … 略微潮湿的肥沃土壤

常见树形 自然树形 丛状树形

推荐树形 标准树形 杯形

高 5～8米
宽 4～8米

专业技术 **修剪要点**

- 任凭其自由生长的话从干基处长出枝，形成丛状，可以留下2～3根，或只留下1根主干等修剪树形。
- 剪掉徒长枝和无用枝，让其长出能长花芽的细枝。

管理秘诀

★ 12月至翌年3月是适合栽植和移植的时间。
★ 光照和通风不好会导致白粉病。因此，在梅雨季节，疏剪密集处的枝叶。

整理树形

修剪前

顶部有许多花芽，剪枝在花后进行。

1 去年修剪只剪了个别枝。今年，从剪口处长出强枝。在剪枝期，这些枝上还有花芽，修剪时注意不要剪掉花芽。

长有花芽的枝
剪掉
剪掉
没有花芽的枝

剪掉
叶芽
花芽

2 没有花芽的枝整枝剪掉。

3 如果枝的前端没有花芽，修剪时留下2～3个叶芽。

大花四照花

多留下部枝条，增加观赏性

4～5月，看似白色和粉色的花一同开花，但其实是叶子形成的花苞。到了秋天，除了有鲜红的果实以外，还可以欣赏到红叶。

推荐品种 Cloud Nine（开白色大花）

栽培月历

（月）	1	2	3	4	5	6	7	8	9	10	11	12
状　态				开花		发芽	花芽分化			结果	落叶	
工　作		修剪				修剪						修剪
病虫害						白粉病						

栽培环境

日本北海道南部至冲绳

耐寒性 **强**
耐热性 **中**
耐阴性 **弱**

土质 … 保水好的肥沃土壤

常见树形

自然树形　半球形　丛状树形

推荐树形

宽圆锥形

高 3～10米
宽 1.5～6米

专业技术 修剪要点

- 开花前和落叶后的修剪，优先留下花芽，将没有花芽的枝从基部剪掉。
- 短枝前端才会着生花芽。因此，疏剪长势过强的枝。
- 枝横向生长，因此，做成单干树形容易控制宽度。
- 自由生长形成的树形也很美观，但容易长得过高。因此，需限制高度在便于管理的范围。

剪掉不易长出花芽的徒长枝

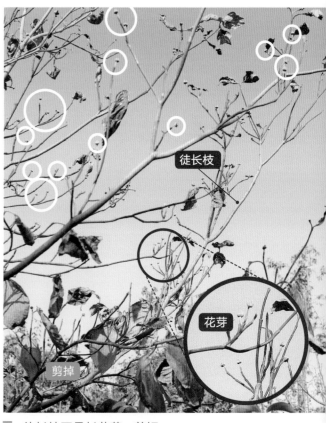

徒长枝

花芽

剪掉

1 徒长枝不易长花芽，剪短到有小枝的位置。短枝易长花芽。

2 剪掉没有花芽的枝，让密集的部分变得通透。

没长花芽的枝

剪掉

剪短横向枝

剪掉

剪掉

横向生长的徒长枝

1 大花四照花容易横向生长，需要剪短横向生长的徒长枝。此外，还需剪掉没有花芽，向上生长的强枝。

小枝

2 修剪掉后，剪口要略高于小枝。

限制树高

向上生长的强枝

强枝

小枝

剪掉

剪掉

1 为了限制树高，顶部的强枝剪短到分枝处或有小枝的位置。

2 在考虑下部枝的光照、树高的前提下，剪短向上生长的强枝。

修剪前

有许多生长过长的枝，树形开始横向扩展。修剪期正是花芽生长期，因此，修剪时优先留下花芽。

修剪后

整理枝条后树高及体积得到了控制。花向上开放，因此，多留容易观赏到花的下部枝。

管理秘诀

★ 由于是温带原产树种，因此，栽植、移植在开花前的2～3月进行，尤其要避开严寒期。

★ 种植1个品种，不易结果。想欣赏果实，可以栽植2种以上，或栽培可结果的1个品种。

下部枝

日本四照花

整理缠绕枝

灯台树的近亲品种，长有花瓣一样美丽的总苞。可结果，成熟的红色果实可以食用。纤细的枝条非常好看，比较受欢迎。

推荐品种	**里见小姐**（总苞上带有红色的圆形。红花品种） **狼眼**（叶和总苞上有白色的覆轮）

栽培月历

（月）	1	2	3	4	5	6	7	8	9	10	11	12
状 态				开花		发芽	花芽分化			结果	红叶·落叶	
工 作	修剪			修剪								修剪
病虫害					白粉病							

栽培环境

日本东北至九州

耐寒性 **强**
耐热性 **强**
耐阴性 **弱**

土质 … 略微带有湿气的肥沃土壤

常见树形

自然树形　倒卵形　半球形

推荐树形

宽圆锥形

高 3～10米
宽 1.5～8米

疏剪树冠内部 A

粗枝

剪掉

1 太粗的枝伸到树的内侧，成为树枝杂乱的原因。这样的枝从基部锯掉。

专业技术　修剪要点

- 在花后和落叶后进行修剪。若在开花前修剪，要注意留下花芽，剪掉没有花芽的枝。
- 花芽长在短枝的前端，因此，疏剪长势较强的枝。
- 枝有横向生长习性，因此，做成单干形容易控制冠幅。

修剪前

长出许多枝，整体比较杂乱。

A

B

徒长枝

剪掉

2 从分枝处剪掉不长花芽的徒长枝。

内向枝（交叉枝）

剪掉

3 将内向枝和交叉枝从基部剪掉。

管理秘诀

★ 栽植和移植在开花前的 2 ~ 3 月进行。要选择在光照、排水良好的场所。特别是红花品种，光照好，花的颜色比较艳丽。

★ 肥料不足会严重影响开花，因此，在花后需要施肥，称为礼肥。

牵引主枝 B

枝缠绕的部位

倾斜的主枝

1 主枝倾斜，枝和枝之间交错缠绕。此时，需要用绳子进行诱引，直到树干成型。

修剪**后**

剪掉粗枝，用绳子诱引等处理后，解决了树形杂乱的问题。下部枝被疏除后，主干变得干净利落。

剪掉

用绳子绑住

调整后的枝条

2 将倾斜的主枝与旁边的主枝用绳子绑紧，主枝倾斜度得到了调整。缠绕枝得到了解决。

欧丁香

别名：紫暴马丁香、丁香花

改善光照，促进长出更多花芽

春天，白色与粉色的小花像穗子一样集中。原产地在欧洲，适合在寒冷地区栽植。但最近出现了在温暖地带也能栽培的品种。

推荐品种

桃源（淡桃色的单瓣花。适宜温暖地区栽培）
法国丁香（单瓣花，花瓣边缘白色）

栽培月历

(月)	1	2	3	4	5	6	7	8	9	10	11	12
状 态			发芽								落叶	
			开花		花芽分化							
工 作			修剪		修剪（摘掉花柄）							
病虫害				天蛾		天牛						

栽培环境

日本北海道至九州

耐寒性 **强**
耐热性 **弱**
耐阴性 **弱**
土质 … 排水好的土壤

常见树形

自然树形

推荐树形

倒卵形

高 ←→ 2～6米
宽 ←→ 1.5～7米

修剪前

枝多、杂乱，但已经长出花芽，不能进行强剪。

修剪后

整理了上部杂乱的枝条。树枝的光照改善，可以长出饱满的花芽。

专业技术 〉 **修剪要点**

- 落叶期优先整理枯死枝和花芽少的枝。
- 花后，修剪之前先摘掉花柄。

管理秘诀

★ 栽植和移植在11月至翌年3月进行，宜选择光照和排水良好的场所。

★ 如果气温高，花芽不能正常分化，开花也会受到影响。在温暖地带栽植，请选择耐热性强的品种。

整理不长花芽的枝 Ⓐ

细长且缠绕的枝

剪掉

1 将不易长花芽，细长且缠绕的枝整枝剪掉。

细弱枝

剪掉

2 整理细弱枝。细弱枝由于光照不足，不易长出花芽。

剪短枯死枝

内芽

外芽

剪掉

1 枝的前端容易枯死。这样的枝要从外芽上端剪掉。被剪部分虽有饱满的芽，但却是内芽。

枯死的部分

剪掉后

剪掉

2 枝分两叉生长，容易造成枝和枝重叠，然后枯死。这样的枝没有花芽，可以从基部剪掉。

贝利氏相思

通过剪枝缩小上面部分的体积

银绿色的叶子和在早春时期开放的黄色小球似的花朵受到人们的喜爱。花朵较为饱满，花色较为明亮。

推荐品种 紫叶贝利氏相思（新叶是紫色的）

栽培月历

（月）	1	2	3	4	5	6	7	8	9	10	11	12
状 态		开花				花芽分化				结果		
工 作				修剪				修剪				
病虫害	无											

栽培环境

日本关东以西太平洋一侧、濑户内海沿岸、四国、九州

耐寒性 **弱**
耐热性 **中**
耐阴性 **弱**
土质 … 排水好的土壤

常见树形

自然树形

推荐树形

半球形

高
宽
2～7米
2～7米

- 扎根不深，容易受强风影响而倾倒。花后宜进行缩剪，缩小上部体积，这样不易被大风吹倒。除此之处，还需在夏季结束后进行疏剪。
- 生长快，树形容易受影响，因此，每年要进行修剪，保持树形。
- 若发芽力旺盛，可以进行强剪。

限制树高

冠顶主枝

剪掉

1 剪短冠顶主枝。

2 剪短冠顶主枝后，能够抑制其向上生长的势头。

修剪前

枝叶生长茂密，因上部重量的影响，树向右倾斜。

68

缩小树冠体积

缩剪长粗枝

横向生长的长粗枝

剪掉

树冠

1 将横向生长的长粗枝剪到有分枝的位置。

细枝

2 之后继续按照这种方法剪短其他横枝。

剪掉向上强势生长的枝

向上强势生长的枝

剪掉

专业技巧 若从枝条前端开始修剪，树冠容易有拥挤沉重的感觉，因此需要从基部疏剪。

1 将向上强势生长的枝整枝去掉。

2 修剪后，疏剪植株上部，减轻上部重量，以防倒伏。

修剪后

整理长势过强的长枝后，树上部减轻，有助于防止倒伏。强剪后，长出的新枝更具柔韧感。

管理秘诀

★ 不易移植的树木，要栽植在光照充足、排水良好的场所。

★ 栽植后，立一个高度为树苗3倍的支柱。

★ 为了限制生长，可不施肥。花后结的果实也能抑制树势，因此不需要摘除。

多花紫藤

别名：野田藤

及时剪掉蔓

开紫色花，花枝下垂，是垂枝型树木里具有代表性的植物。品种分为花房长的野田藤系列（蔓向右卷曲）和花房短的山藤系列（蔓向左卷曲）。

推荐品种	**重瓣黑龙**（多瓣花，深紫色） **昭和红**（开深粉色的花）

栽培月历

(月)	1	2	3	4	5	6	7	8	9	10	11	12
状 态				发芽						结果		
				开花		花芽分化					落叶	
工 作	修剪					修剪（蔓的前端）					修剪	
病虫害						介壳虫						

栽培环境

日本北海道至冲绳

耐寒性 中
耐热性 强
耐阴性 强

土质 … 没有特别的要求，略微带湿气的土壤

常见树形

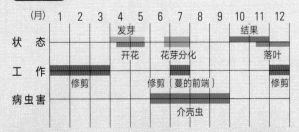
棚内设计

推荐树形

蔓
根据树形设计

花芽

枯死枝　剪掉

将变白的枯死枝全部剪掉。本图中的枝前端枯死，剪短到有花芽处即可。

修剪前

落叶期枝和蔓生长过长。留下长有花芽的技和蔓，没有花芽的剪掉。

修剪后

没有花芽的枝和蔓修剪干净了。

整理蔓

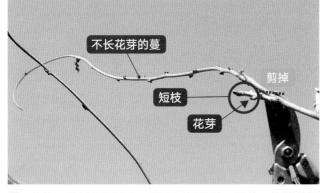

不长花芽的蔓

短枝

花芽

剪掉

1 花芽一般长在短枝上。蔓上不长花芽，因此，将蔓剪短到有短枝的位置。

专业技术　修剪要点

- 徒长的蔓上不长花芽，因此将其剪短。
- 注意区分花芽与叶芽，修剪时留下花芽。
- 蔓缠绕的枝不长花芽，可以剪掉。

3 在夏季修剪时，被剪短1/3的蔓容易长出花芽。一般带有花芽的蔓需要剪短到花芽的上方。

剪掉

没有花芽的蔓

长有花芽的蔓

剪掉

2 将没有花芽和短枝的蔓整条剪掉。

专业技巧　夏季，蔓基部的叶子变绿的时候，剪掉蔓的前端，能促进细枝长出花芽。

管理秘诀

★ 栽植和移植在12月至翌年3月进行。

★ 豆科植物的根有根瘤菌，可以为植物提供氮素，因此，可以不施肥。

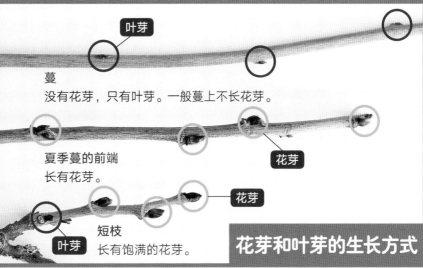

叶芽

蔓
没有花芽，只有叶芽。一般蔓上不长花芽。

夏季蔓的前端
长有花芽。

花芽

花芽

短枝
长有饱满的花芽。

叶芽

花芽和叶芽的生长方式

蜡瓣花

别名：小蜡瓣花

整理萌蘖枝

丛生，春天开吊钟形状的黄色小花。类似的还有少花蜡瓣花。不仅可以做庭院树，还可以做成绿篱。

推荐品种 Spring Gold（在没有花的季节可以观赏到金黄的叶）

栽培月历

(月)	1	2	3	4	5	6	7	8	9	10	11	12
状 态			开花								落叶	
			发芽				花芽分化					
工 作	修剪				修剪						修剪	
病虫害						锈病						

栽培环境

日本东北至九州

耐寒性 中
耐热性 强
耐阴性 中

土质 … 略微带有湿气的肥沃土壤

常见树形

自然树形　丛状树形

绿篱

推荐树形

半球形

高 0.6～4米

宽 0.8～4.5米

专业技术 修剪要点

- 树枝易出现缠绕现象，因此需要整理萌蘖枝和内向枝。
- 如果树枝密集，会影响植株内部的光照，进而抑制花芽生长。因此，要疏剪老枝和徒长枝等。
- 整形修剪在落叶期进行，但可以将花芽多的枝推迟到花后修剪。

管理秘诀

★ 栽植、移植在11月至翌年2月进行。在半阴环境下也能生长，但花色不好看，因此，适宜栽植在光照好的环境。

修剪前

树干与树枝缠绕在一起，比较杂乱。萌蘖枝生长出来后，从基部就变得杂乱无序。需在保留花芽的前提下，疏剪无用枝。

修剪后

剪掉萌蘖枝和内向枝后，留下的枝干清晰可见。保留了带花芽的枝，在花后需要再次修剪。

整理树的基部

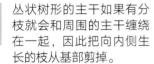

缠绕枝

剪掉

1 丛状树形的主干如果有分枝就会和周围的主干缠绕在一起，因此把向内侧生长的枝从基部剪掉。

2 剪掉后主干之间没有了缠绕枝，形成了清晰的丛状树形。

萌蘖枝

剪掉

3 蜡瓣花容易长出萌蘖枝。萌蘖枝两条以上时，把向内生长、易与其他枝交叉的萌蘖枝贴地面剪掉。

疏减树冠内侧

花芽少的枝

剪掉后

剪掉

1 向内侧生长的粗枝从基部剪掉。这类枝与其他枝相比，光照不足，花芽少。

徒长枝

剪掉

2 从基部剪掉向内侧生长的徒长枝。

日本金缕梅

抑制横向生长的枝

　　从寒冷的2月左右开始，开出黄色丝带状的花，并带有甜蜜的香味，为冬末寂静的庭院增添色彩。秋天明黄色的树叶也是看点之一。

推荐品种　**金缕梅**（冬天留有叶子，花较大）
Sandra（花色是明黄色）

栽培月历

（月）	1	2	3	4	5	6	7	8	9	10	11	12
状态		开花		发芽		花芽分化					落叶	
工作			修剪								修剪	
病虫害	无											

栽培环境　　　**常见树形**　　　**推荐树形**

日本北海道南部至冲绳

耐寒性 强
耐热性 弱
耐阴性 中

自然树形

丛状树形

高 3~6米
宽 2~7米

土质 … 肥沃、排水较好的土壤，但要有一定的保水性

疏剪树冠

平行枝

剪掉

　　在枝条拥挤的部分，可以看到平行枝、交叉枝等，看好枝的流线，将多余的枝剪掉。

专业技术　**修剪要点**

- 树冠枝条不仅能向上生长，还容易横向生长，因此需要在保持树体活力的基础上缩小树的体积。
- 如果想恢复树势，可以将粗枝贴地面剪掉，培养有活力的萌蘖枝。
- 如果在花后马上修剪，就不用担心会剪掉花芽，因为此时花芽还未分化。

修剪前

枝横向生长过度，树形凌乱。茂密的树叶挡住了大部分的主干和主枝。

剪掉遮挡树干的枝

1 为展现树干的美丽，需要剪掉遮挡在树干基部的枝叶。

2 修剪后，能够欣赏到树干的美丽形态。

缩小树冠体积

长势旺盛的枝

剪掉

细枝

1 长势太过旺盛的枝不易长出花芽。为了降低树高，可以将其剪短到有细枝的位置。

强枝

剪掉

2 从分枝处剪掉造成枝条混乱的强枝。

3 修剪后，树的体积变小，树冠内通风透光良好。

管理秘诀

★ 虽然喜光，但一天有2～3小时的光照足矣。在强光照射和夏天干燥的环境下叶子容易受伤，需要注意。

★ 树干有弯曲生长的习性，如果想保持笔直，需要支柱支撑。树高超过2米后可以去掉支柱。

修剪后

树冠宽度得到控制。枝叶变少后树干清晰可见。

含笑花

别名：香蕉花

1年1次的整形修剪

从春天到初夏，开出黄白色的小花。具有类似香蕉的香味，树体不会太高，管理方便，因此，受到很多人的喜爱。

推荐品种 Port wine（开出紫红色的花朵，像红酒颜色）

栽培月历

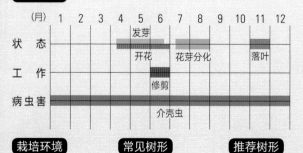

(月)	1	2	3	4	5	6	7	8	9	10	11	12
状 态				发芽							落叶	
				开花		花芽分化						
工 作					修剪							
病虫害					介壳虫							

栽培环境

日本关东至冲绳

耐寒性 弱
耐热性 中
耐阴性 中

土质…含有丰富有机质的肥沃土地

常见树形

自然树形

推荐树形

卵形

高 3～4米

宽 1～2米

抑制树高

冠顶主枝

剪掉

1 为了抑制树高，将冠顶主枝剪短到方便管理的高度。

2 剪掉后。从长有小枝的上方修剪。

专业技术 修剪要点

- 虽然生长较慢，但放置不管也会导致树形杂乱。因此，花后需马上剪掉杂乱生长的枝。

- 7月以后，花芽开始分化，修剪时需要留意花芽的位置。叶腋长出的芽，到秋天才能分辨出是花芽还是叶芽，因此，秋后修剪较好。

修剪前

枝叶茂密，树形横向扩展。

缩小树冠体积

剪掉长势旺盛的枝

专业技巧
花芽生长在枝的基部，因此，剪短到花芽的上面。

长势旺盛的枝

剪掉

修剪后

花芽

剪掉长势旺盛的枝。如果有花芽，剪短到花芽的上面。

剪掉直立枝

直立枝

横枝

剪掉

横枝上长出的直立枝不易长出花芽，应从基部剪掉。

疏剪树冠内部

内向枝

剪掉

整理树冠后，对内向枝和细弱枝进行疏剪。

疏剪枝头

剪掉

花芽

1 在枝头杂乱的位置，留下带有花芽的枝，去掉无用枝。

2 修剪后，按照这个方法继续疏剪枝头剩余部分。

修剪后

树高被抑制，修剪成了可爱的卵形。枝量适宜，光照和通风得到改善。

管理秘诀

★ 栽植和移植都要在7～9月进行。但是，该树不好移植，因此尽量一次性选好栽植地点，避免移植。

★ 光照过强，会烧伤树叶，因此，栽植时避免强光照射，还要注意避开有寒风和强风的场所。

六月雪

别名：白丁花，满天星

整理树枝流向，剪出自然树形

发芽力旺盛，分枝较多，因此，可修剪成半球形，可以制作成绿篱。

推荐品种 **六月雪**（叶子上有白斑）

栽培月历

(月)	1	2	3	4	5	6	7	8	9	10	11	12
状态				花芽分化	开花							
工作		修剪			修剪						修剪	
病虫害	无											

栽培环境

日本东北地区至南部地域

耐寒性	中
耐热性	中
耐阴性	中

土质 … 排水较好的土壤

常见树形

自然树形　绿篱

推荐树形

丛状树形

高 1～1.5米

宽 0.4～0.6米

专业技术 **修剪要点**

- 先疏剪徒长枝，再进行细微的修剪，制作出柔和的自然树形。
- 一年分为春到夏、夏到秋的两个生长阶段。如果在每个生长阶段结束后修剪，树形不容易长乱。

修剪前

植株较高，树枝生长无序，树形横向扩展。

修剪后

杂乱的枝条经过修剪后，形成了枝条向外延伸下垂的紧凑株形。

本次剪枝量。

剪掉内向枝

使树冠内部通透

专业技巧

在剪短时，要考虑树枝生长的长度。从树冠深处剪掉枝条，切口也不会显眼。

内向枝　　剪掉

如果枝条朝向外侧，树形会比较好看。因此，要剪掉内向枝。

剪掉直立枝

直立枝

剪掉

剪掉垂直向上生长的直立枝。

整理植株基部

小枝　　剪掉　剪掉　剪掉　剪掉　细枝　剪掉　剪掉

1 剪掉植株基部的多余萌蘖枝。

2 修剪后，植株底部变整洁。

管理秘诀

★ 从春季到秋季，都可以栽植和移植。

★ 六月雪寿命较短，一般生长10年生命力就开始衰退，出现枯枝现象。用扦插等方法培育新的植株，用于随时替换掉枯死的植株。

日本野木瓜

利用枝蔓可制作喜欢的树形

5月开出白色的小花，秋天结出紫色的果实。可诱引到栏杆上、网格架上等，有多种有趣的栽培方式。

推荐品种 **木通**（属于野木瓜类，可以收获果实）

栽培月历

(月)	1	2	3	4	5	6	7	8	9	10	11	12
状 态					开花		花芽分化		果实			
工 作						修剪					修剪	
病虫害												

蚜虫·介壳虫

栽培环境

日本东北至冲绳

耐寒性 中
耐热性 中
耐阴性 中

土质 … 具有一定湿气的土壤

常见树形

棚架诱引

推荐树形

随诱引支架变换树形

专业技术 修剪要点

- 适度剪短伸长的枝叶，改善光照条件，能促进结果。
- 剪掉从植株底部长出的蔓和不定芽长成的蔓。如果蔓变细，从前端剪短。
- 为了保证结果量，要适量剪去带有花芽的枝。

修剪前

蔓生长无序，未能缠绕在架子上，导致树形歪曲。

修剪后

无序的蔓得到整理，通过诱引使其生长有序。今后可以把生长的蔓诱引到蔓较少的空白处。

修剪蔓

粗枝

剪掉

小枝

1 整理蔓缠绕在一起的茂密部分，将又粗又长的蔓剪短到长有小蔓的位置。

小枝

剪掉

细枝

2 将细蔓也剪短到长有小蔓的位置。

剪掉

3 如果从同一位置生长出好几根蔓，在确定蔓生长方向后进行疏剪。

诱引蔓

1 修剪后的蔓仍然杂乱，若放任其生长，今后会更难打理。因此，需要用绳子把蔓固定到架子上。

用柔软的麻绳牢牢固定

2 蔓自己会向上生长，因此需要向下诱引。不久，新芽自然会向上生长。

管理秘诀

★ 栽植和移植在5～6月或者9月进行。栽植后的植株生长较慢，最好固定在支柱或架子上。生长旺盛期一般在3～4年后。

★ 种植一株也能结果，但种植两株，更有利于结果。

欧洲荚蒾

别名：欧洲绣球

修剪枝条，保留花芽

　　在枝头开出像绣球一样又圆又大的花朵。除了观花用的荚蒾品种，还有观果、观叶用的荚蒾，如皱叶荚蒾、桦叶荚蒾等。

推荐品种
雪球（开又大又白的花）
川西荚蒾（果实成熟时为钴蓝色）

栽培月历

（月）	1	2	3	4	5	6	7	8	9	10	11	12
状态			发芽		开花		花芽分化			结果	落叶	
工作		修剪			修剪							
病虫害	无											

栽培环境

日本北海道南部至冲绳

耐寒性 **强**
耐热性 **强**
耐阴性 **中**
土质 … 排水好的肥沃土壤

常见树形

自然树形　丛状树形

推荐树形

扇形

高 1.5～3米
宽 1～2米

修整树形

剪掉粗枝及生长旺盛的枝

向上生长的粗枝

徒长枝

剪掉

剪掉

剪掉

1 将向上生长的粗枝从基部剪掉。此类枝不易长出花芽。

2 将徒长枝从基部剪掉，这类枝也不易长出花芽。

修剪前

荚蒾类植株分枝较多，向上强势生长的枝也较多，树形容易变得杂乱。

整理植株内部的无用枝

剪掉植株内部的交叉枝、平行枝、枯死枝、细弱枝等。

3 中间的粗枝常造成枝条混乱生长，要从节的上部锯断。

4 修剪后。没有能更新的小枝时，从节的上方剪断。

- 中等粗的枝上，各节叶腋处都有两个花芽，但细弱枝上只长叶芽。春季，从花芽上伸出极短的枝，其顶端开花。
- 由于会长出许多萌蘖枝，因此，在停止生长的时期剪掉冠顶主枝，促进分枝生长。

整理没有花芽的枝

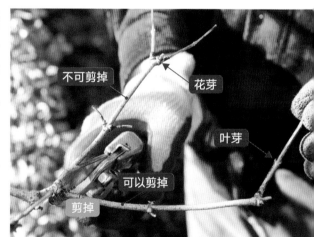

仔细检查花芽和叶芽的同时，修剪没有花芽的细枝。尤其是生长在植株内部的细枝，不会长出好的花芽，要毫不犹豫地剪掉。

修剪后

把强枝和粗枝剪掉后，枝条变得稀疏有型。将树干上的细枝也去掉后，树干变得清晰明了。

管理秘诀

★ 栽植和移植都要在落叶期进行。

★ 植株小的时候需要施肥，到成树则不需要施肥。

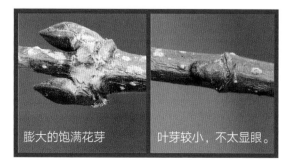

膨大的饱满花芽 | 叶芽较小，不太显眼。

齿叶溲疏

别名：空木

- 伸长的树枝会出现相互缠绕的情况，需要适度疏剪，减少树枝数量。花后花芽不会马上分化，此时疏剪不用担心剪掉花芽。
- 如果想控制树的体积，可以将全部树枝剪短到基部。这样修剪当年不能欣赏开花，但因其生命力旺盛，第二年就能欣赏到花。

管理秘诀

★ 喜阴，在半阴的环境下也能栽培。避开强风的场所较好。

★ 生长旺盛，施肥会使其长得太高，因此不需要施肥。

★ 对病虫害不需要特别关注。

花后把老枝从根部疏剪

伴随着树的成长，枝中心会变空，因此也得名空木。从去年较软的枝条上长出新梢，新梢的短花穗上会开出许多白色小花。

推荐品种　**魔术师**（花为浅玫红色）
细梗溲疏（低矮性品种。重瓣花，外侧为红紫色）

栽培月历

（月）	1	2	3	4	5	6	7	8	9	10	11	12
状　态			发芽	开花		花芽分化				落叶		
工　作		修剪			修剪							
病虫害	无											

栽培环境

日本北海道至冲绳

耐寒性 强
耐热性 强
耐阴性 中

土质 … 一般不挑土壤

常见树形　自然树形　绿篱

推荐树形　扇形

高 0.5～3米
宽 0.5～3米

花后的疏剪

枯死枝
剪掉

1 植株基部容易杂乱，因此，应先把基部的枯死枝、老枝剪掉。如果缠绕的树枝较多，即使是新枝，也要从基部剪掉。

2 徒长枝不会长花芽，需要剪掉。

剪掉

剪掉

剪掉

3 把徒长枝从顶端剪掉。

夏季花木

summer tree

- 绣球
- 紫薇
- 夏椿
- 木槿
- 栀子
- 锦带花
- 日本紫珠
- 菲油果

绣 球

别名：八仙花、紫阳花

- 花色开始褪去时立即修剪。8月，花芽开始分化，在此之后修剪，等同于剪掉了翌年的花。
- 需要在3年内进行1次只留下2～3个节的强剪，不然，树的体积会过大。

管理秘诀

- ★ 绣球喜好阳光，山绣球的耐阴性较好。
- ★ 栽植和移植在落叶期进行。寒冷地区3—4月比较合适。
- ★ 不适合在干燥的土地栽植，因此，要选择略微湿润的土壤。

花后马上修剪

梅雨时节的代表性花木。由日本原产的山绣球、额绣球以及日本绣球改良得到的绣球品种。每个品种都有多种花色，在园艺中被广泛应用。

推荐品种：**雪山八仙花**（具有旺盛的生命力，花房大）
甘茶（开小朵花，可以盆栽）

栽培月历

(月)	1	2	3	4	5	6	7	8	9	10	11	12
状态				发芽		开花		花芽分化			落叶	
工作			修剪				修剪					
病虫害					白粉病·叶螨							

栽培环境

日本北海道至冲绳

耐寒性 强
耐热性 强
耐阴性 中
土质 … 略微湿润的肥沃土壤

常见树形

自然树形

推荐树形

丛状

高 1～2米
宽 0.8～3米

修剪前

盛花期结束，花开始褪色。为了翌年能观赏到花，需要在这个时期进行修剪。

修剪后

将残花全部剪掉，对徒长枝和老枝进行疏剪，缩小了树的体积。

剪短长出花柄的枝

第1节

该芽延伸出的枝顶端会开花。 第2节

第3节

剪掉

剪短到花柄第2～3节的芽上方。该处的芽翌年会长成带有花芽的枝。

前年剪短处的芽会长成新枝，该枝顶端会开出花朵。

前年剪短处

有花蕾的芽　　没有花蕾的芽

剪短徒长枝

徒长枝

剪掉

剪掉

生长旺盛的强枝和徒长枝不会开花。剪短到长有饱满芽的中间位置，使其长出能开花的枝。

修剪树基部

剪掉　剪掉

老枝

剪掉

2 整理后的树基部。

剪掉后

1 为了使树基部生长良好，贴地面剪掉老枝、缠绕枝、细弱枝等。

紫薇

别名：百日红

数年间进行一次除去树瘤的修剪

树表光滑，花期较长，一般在7～10月，赏花时间可达100天，因此也称百日红。低矮的品种，除制作灌木丛之外，还可以盆栽。

| 推荐品种 | **西洋百日红**（抗白粉病强的红花品种）
Chickasaw（株形小，适合在面积较小的庭院栽培） |

栽培月历

（月）	1	2	3	4	5	6	7	8	9	10	11	12
状态				发芽	花芽分化		开花				落叶	
工作		修剪										
病虫害	介壳虫				蚜虫·白粉病							

栽培环境

日本北海道南部至九州

耐寒性 强
耐热性 强
耐阴性 弱

土质…排水好，有适度湿气的肥沃土壤

常见树形

自然树形　标准树形

推荐树形

半球形

高 3～7米
宽 2～6米

修剪前

一般会把紫薇去年的枝从基部剪掉，使其长出强壮的新枝。图中的树，每年经过这样的修剪，已经长出了树瘤，需要修剪成自然树形。

修剪后

树瘤及树瘤上长出的枝被修剪掉了。因为保留了部分去年枝，树瘤不会继续长大。随着枝条的生长，就会从剪短处长出新梢，最终会形成自然树形。

自然树形的修剪

剪掉无用枝 Ⓐ

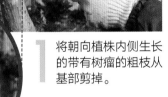

> 长有树瘤的粗枝

> 剪掉

> 剪掉后

1 将朝向植株内侧生长的带有树瘤的粗枝从基部剪掉。

> 萌生枝

> 剪掉

2 萌生枝从基部剪掉，露出树干。

- 发芽后花芽开始分化，因此，在冬季到春季修剪，不必担心会剪掉花芽。
- 重复把去年长出的枝从基部剪掉这种操作，可以促进开花。但这种做法会产生许多树瘤，影响美观。因此，每几年就需要进行一次去除树瘤的修剪，使其恢复自然树形。

整理树瘤上长出的枝 Ⓑ

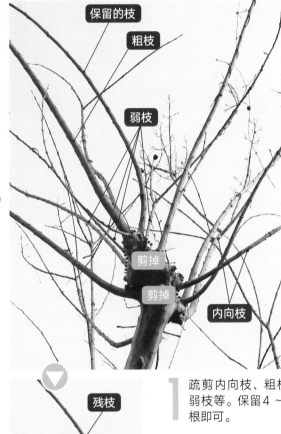

> 保留的枝

> 粗枝

> 弱枝

> 剪掉

> 剪掉

> 内向枝

1 疏剪内向枝、粗枝、弱枝等。保留4～5根即可。

> 残枝

> 剪掉

> 从芽的上方剪掉，尽量靠近芽

> 芽

2 将保留的枝剪短到1/3程度，从芽的上方剪掉。尽量让枝的高度保持一致。

3 在考虑树整体平衡的前提下，把长在树瘤下方的长枝也剪掉。

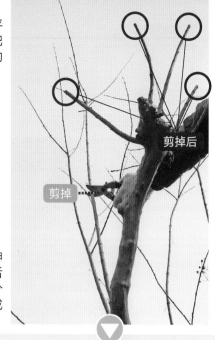

剪掉后

剪掉

4 整理了从树瘤上伸出的枝条。剪短后的枝会长出新分枝，促使树体形成自然树形。

5 剪短时参照右侧树瘤的高度，将左侧的枝剪短到低于右侧树瘤的位置。

右侧的树瘤

剪掉

反复从基部剪短的修剪

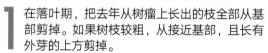

剪掉

1 在落叶期，把去年从树瘤上长出的枝全部从基部剪掉。如果树枝较粗，从接近基部，且长有外芽的上方剪掉。

2 剪掉后。此后会从树瘤上长出强壮的新枝，并在顶端开花。

管理秘诀

★ 栽植和移植都在发芽前的4月进行，注意避开严寒期。

★ 容易染上白粉病，需要在5～6月喷药。现在已有了抗白粉病强的品种。

★ 为了预防介壳虫，需在严寒期喷药。

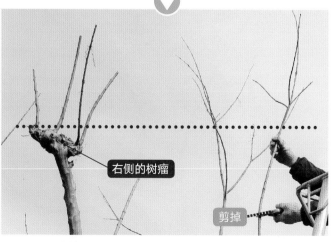

山茶科·紫茎属

夏 椿

别名：红山紫茎

制作柔和的自然分枝流线

夏天盛开素雅的白花、柔和的分枝流线、独特的斑纹树干和秋天的红叶等，都具有极高的观赏价值。无论是和式庭院，还是欧式庭院，都非常适合栽培。

推荐品种	斑纹夏椿（叶子有黄色的斑纹） 淡红夏椿（花带有微微的红色）

栽培月历

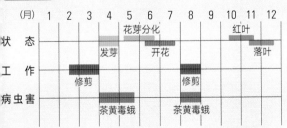

（月）	1	2	3	4	5	6	7	8	9	10	11	12
状 态					花芽分化					红叶		
				发芽		开花					落叶	
工 作		修剪						修剪				
病虫害				茶黄毒蛾			茶黄毒蛾					

栽培环境

日本东北南部至九州

耐寒性 **强**
耐热性 **中**
耐阴性 **中**
土质 … 肥沃的土壤

常见树形

自然树形　丛状树形

推荐树形

倒卵形

高 ↕ 3～10米

宽 ↔ 1.5～7米

控制树的体积

剪掉向上迅猛生长的枝

向上迅猛生长的粗枝

细枝

剪掉后　细枝

剪掉

把向上迅猛生长的粗枝剪短到长有向外生长的细枝处。

修剪前

横枝生长，树形被破坏。山茶的枝与主干的角度在45°左右最为理想。

剪掉开张角度太大的枝

延伸至侧面的分枝

剪掉

细枝

细枝

粗枝

1 横向生长的枝开张角度大，将其剪短到长有细枝的位置。

2 修剪后的状态。按照这种方法，塑造枝条从粗到细的走向，使整体展现出柔和的感觉。

疏剪枝头

混杂处

① ②

剪掉

通透的空间

1 夏椿的枝具有以同样的速度和强度，同时向两个方向生长的特性。如果枝头有互相缠绕的情况，考虑枝的走向和整体平衡后，进行修剪。图中①和②枝叶重叠，因此，剪掉内侧的②。

2 剪掉②后，枝头通风透光改善。

专业技术 **修剪要点**

- 放任不管树形也不会杂乱，因此，只需要将伸太长的枝剪短，疏剪混杂处即可。
- 剪短时，要让整体枝干从树干到粗枝，从粗枝到细枝，形成自然的走向，让枝先端变得柔软。

玉崎派

摘掉多余的果实

为了减轻树体负担，摘掉花后的果实。如果是刺槐等生长旺盛的树，不摘取果实较好。

摘掉的果实。

让树冠内部变得通透

剪掉枯死枝

枯死枝

剪掉

剪掉后

把没有叶子的枯死枝从基部剪掉。

★ 在发芽前的2～3月是最佳的栽植和移植时期。但要注意，因为夏椿不喜欢干燥的环境，要一直浇水到生根为止。

★ 该树不耐干燥，如果受到午后阳光等强光照射，叶容易灼伤。因此，可以在其西侧种植更高的其他树种。

★ 茶黄毒蛾聚集在叶上的时候较多。如果发现了，就连树枝一起剪下，焚烧处理即可。

本次剪枝量

剪除萌生枝

萌生枝

剪掉

夏椿的树干是欣赏要点，因此，萌生枝等从树干上长出的无用枝都要剪掉。

修剪后

控制了枝叶的横向扩张，树体内部通风透光，树形自然。树梢流线顺畅、柔和。

木槿

别名：喇叭花、木棉

发芽前的整体修剪

大朵单轮花，早上开放，傍晚凋零，花期可以持续3个月以上。花色有粉色、白色、紫色、红色等，并有多种园艺品种，是最适合给庭院增添色彩的庭院树。

推荐品种 宗旦（白底红心。可用作茶室插花）
光花笠（粉色，半重瓣品种）

栽培月历

（月）	1	2	3	4	5	6	7	8	9	10	11	12
状 态				发芽	花芽分化		开花			落叶		
工 作	修剪										修剪	
病虫害					卷叶虫							

栽培环境

日本北海道南部至冲绳

耐寒性 **强**

耐热性 **强**

耐阴性 **弱**

土质 … 没有特别要求

常见树形

自然树形　标准树形　绿篱

推荐树形

扇形

高 2～3米

宽 1～3米

- 生长旺盛，在发芽前或花后可以立即进行回剪，之后长出的新梢上还会长出花芽，因此不用担心花芽会减少。
- 树枝有垂直向上生长的性质，需要通过剪短来增加枝数。

管理秘诀

★ 花期较长，会消耗大量的养分，因此，在3～7月需要施2～3次化肥。

★ 喜光照和排水良好的场所，但在半阴的贫瘠土地上也能栽培。

★ 栽植和移植都在落叶期进行，但要避开严寒期。

使树冠通透

旺盛的直立枝

剪掉

强枝

剪掉

1 果断地将粗壮的直立枝剪短到树干附近。

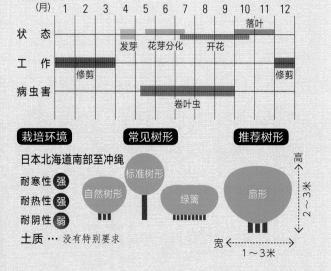

修剪后

2 在分枝处，将生长势过强的枝从基部剪掉。这样修剪既能改善树体通风透光，还能控制树高。

整理植株基部

剪掉

细弱枝

1 剪掉从植株底部伸出的细弱枝等。

2 修剪后，植株底部变得非常清爽。

剪短枝头

树枝向外侧生长　剪掉

外芽

专业技巧　在剪有芽的部分时，要考虑之后新枝生长的方向。要从靠近外芽的上方剪掉。

枝头要剪短到外芽的上方。在限制树高的同时增加枝数，使其可以开出更多的花。

修剪前　花后，植株生长茂盛，顶部看着非常拥挤。

修剪后　整体通风透光，树高也得到了控制。

栀子

别名：山栀子、栀子花

花后尽快修剪

初夏，盛开带有芳香的纯白色花，秋天，结出橙色的果实。可以制作绿篱，低矮品种也可以盆栽。

推荐品种	
重瓣大花栀子（开大瓣重瓣花）	
水栀子（植株低矮，开小瓣重瓣花）	

栽培月历

（月）	1	2	3	4	5	6	7	8	9	10	11	12
状态				发芽		开花	花芽分化		花芽分化		结果	
工作							修剪					
病虫害					蜂鸟鹰蛾							

栽培环境

日本关东至冲绳

耐寒性 **强**
耐热性 **强**
耐阴性 **中**
土质 … 不干燥，排水好的肥沃土壤

常见树形

自然树形　绿篱

推荐树形

球形

高 0.8～2米
宽 0.6～2米

专业技术 修剪要点

- 花芽生长在新梢上，因此，花后尽快剪枝。如果延迟修剪，就会剪掉花芽。
- 即使是放任不管，本身也能保持一定的树形。因此，只要修剪生长过长的树枝即可。

管理秘诀

★ 栽植和移植在3月进行。
★ 蜂鸟鹰蛾的幼虫会吃掉新芽，使开花数减少，因此，需要提前喷洒药物防除。

修剪前

水栀子

枝条横向生长，树形被打乱。枝叶也很密集。

花后修剪

粗壮枝
剪掉

1 把直立生长的粗壮枝在树冠深处剪断。

2 剪短伸出树冠的枝。

树冠
剪掉

修剪后

植株的宽度得到控制，体积变小了。

本次剪枝量

锦带花

别名：海仙、锦带

调整枝条粗细

大多生长在山谷间，长长的轻微弯曲树枝上，开出淡红色的花朵。

推荐品种 **花叶锦带花**（叶缘白色至黄色或粉红色，开紫红至淡粉色花）

栽培月历

（月）	1	2	3	4	5	6	7	8	9	10	11	12
状态			发芽		开花		花芽分化			落叶		
工作	修剪					修剪						
病虫害	无											

栽培环境

日本北海道至九州

- 耐寒性 **强**
- 耐热性 **强**
- 耐阴性 **中**
- 土质 ··· 略微带有湿气的肥沃土壤

常见树形

自然树形

推荐树形

扇形

高 1.2～5米
宽 1.5～5米

专业技术 修剪要点

- 贴地面剪掉粗老枝，使枝粗细均匀。
- 控制树的体积时，放弃当年的花，在1～2月从距离树基部20厘米处剪掉所有枝条。

管理秘诀

★ 栽植宜在10～11月、2～3月进行，移植宜在2～3月进行。

★ 开花需要充足的光照。因此，适合种在能够有半天以上光照的场所。

剪掉徒长枝

徒长枝

剪掉

1 徒长枝不易开花，剪短到有小枝的位置。

小枝

2 如果没有小枝，需要剪短到叶芽的上方。这样不久就会长出新枝条。

日本紫珠

别名：紫珠

落叶期可以随意修剪

盛开紫色小花，到了秋天结出紫色的果实。
丛状树形非常美观，是一种栽培简单的庭院树。
体积小且果实多的小紫珠品种栽植较多。

推荐品种　白棠子树（体积小，果实多）
白果日本紫珠（白色果实的品种）

栽培月历

（月）	1	2	3	4	5	6	7	8	9	10	11	12
状态				花芽分化								
			发芽			开花				结果		落叶
工作	修剪											修剪
病虫害		无										

栽培环境

日本北海道南部至冲绳

耐寒性 **强**
耐热性 **强**
耐阴性 **中**

土质 … 略微带有湿气的肥沃土壤

常见树形

自然树形　扇形

推荐树形

丛状树形

高 1.5～3米

宽 1.5～3米

专业技术　修剪要点

- 落叶期将老枝贴地面剪掉，更新成新枝。
- 在落叶期缩减树的体积时，修剪至枝条留2～3个芽即可。

管理秘诀

★ 栽植、移植在10～11月或2～3月进行。如果栽植在有半天以上光照的场所，结果量较好。
★ 发现介壳虫可以用牙刷等刷掉。

修剪前

杂乱细小的枝非常多，植株内部混乱。落叶期还没有形成花芽，这时可以放手去剪。

修剪后

大量修剪后，因其生长旺盛，春天会发出许多芽，很快长成新梢。

落叶期的强剪

细枝

剪掉

徒长枝

剪掉

1 从植株基部长出许多主干，剪掉细的，减少枝数。

2 徒长枝不易长出花芽，因此要剪短到有芽处。

细枝

剪掉

芽

日本紫珠的花芽长在叶腋（叶连接茎的内侧部位）处，将来可开花结果。

3 将细枝从芽的上方剪掉。

4 修剪后保留的芽可以长成新梢，然后开花结果。

菲油果

别名：费约果、南美稔

整理杂乱枝

南美原产水果，在适合柑橘生长的地区都能栽植。拥有西方梨和桃子混合的味道是它的一大魅力。推荐种植只栽一株就能结果的品种。

推荐品种
Apollo（单株就能结果，口感好，香味浓）
Coolidge（单株就能结果，果实甜）

栽培月历

（月）	1	2	3	4	5	6	7	8	9	10	11	12
状态				花芽分化	开花					结果		
工作			修剪									
病虫害	无											

栽培环境

日本关东至冲绳

耐寒性（中）
耐热性（强）
耐阴性（弱）
土质…排水较好的土壤

常见树形 自然树形

推荐树形 倒卵形
高 2～5米
宽 1.5～7米

专业技术 修剪要点

- 剪短杂乱生长的枝，之后疏剪，调整树形。
- 枝头会长花芽，因此，避免使用将枝头全部剪掉的修剪方法，否则，翌年就不会结出果实。

管理秘诀

★ 栽植、移植在4月下旬，或6月下旬至9月上旬进行。
★ 在严寒环境下会出现落叶现象，开花状况也会变差。因此寒冷地区，应选择盆栽，冬天移至屋内避寒。

控制体积

更新的枝　过长的枝　剪掉

过长的枝　剪掉

1 剪短生长过长的枝。在未形成花芽之前，在哪个位置修剪都可以。但最好还是从有更新的细枝处修剪。

2 该长枝没有可以更新的细枝，如果放置不管，会继续生长，因此，需要从中间剪掉。需要注意，这样修剪，主要是为了调整树形，下一年无法收获果实。

3 树体积过大的话不方便管理，因此，要剪短冠顶主枝。

冠顶主枝　剪掉

秋冬花木

autumn&winter tree

寒椿 · 山茶 · 茶梅 · 蜡梅 · 丹桂 · 欧石南

欧石南

- 枝叶拥挤，内部枝容易枯萎，因此，需要在花后将1/3的枝条剪掉，改善光照和通风条件。
- 仅平剪，不能解决枝条杂乱现象，还需要进行疏剪，改善内部疏密程度。

管理秘诀

★ 栽植和移植在花期结束的3月中旬至4月进行。

★ 因为耐热性弱，避免在夏天午后强光照射的时段进行移栽。盆栽要避开直射光，放置到半阴的场所。

疏剪密集枝条

从冬季到春季，树上开满粉色的小花。有许多花色和花形不同的品种。叶子像针一样细，适合欧式风格的庭院种植。

推荐品种	
圣诞欧石南	（生命力强，容易栽培）
铃兰欧石南	（盛开许多白色小花）

栽培月历

(月)	1	2	3	4	5	6	7	8	9	10	11	12
状 态				发芽								
		开花					花芽分化				开花	
工 作				修剪								
病虫害	无											

栽培环境

日本关东至九州

耐寒性 中
耐热性 弱
耐阴性 弱

土质…排水好的土壤

常见树形

自然树形

推荐树形

扇形

高 0.2~3米

宽 0.2~4米

修剪前

枝叶过于茂密，植株内部得不到光照，通风也不好。在控制体积的同时还需要疏松枝叶。

修剪后

大量疏剪后，植株内部有了光照，通风条件也得到改善。

疏剪树冠内部

剪除粗枝、强枝

1 直立粗枝会不断生长，因此需要将其剪短到有细枝的位置。

2 修剪后，树冠内部有了一定的空隙。按照这种方式继续修剪其他粗枝。

3 将横向生长的强枝剪短到有细枝的位置。

4 留下的细枝附近有粗枝。如果留下该粗枝，今后会长得更粗更长，会破坏整体树形，因此需要将粗枝从基部剪掉。

剪掉萌生枝、细弱枝和枯死枝

因为枝叶过于茂密，导致植株内部出现枯死枝。剪掉从主干生长出的萌生枝和细弱枝、枯死枝等。

103

丹 桂

别名：桂花、金桂

花后至发芽前进行剪短

秋天盛开带有香甜气味的橙色小花。与瑞香、栀子一同被称为庭院三香木。雌雄异株，日本的丹桂基本上都是雄株，不会结果。

推荐品种　**红花丹桂**（相比原种，花色较浓）
　　　　　山桂花（在同类桂花科中，白色小花较多）

栽培月历

(月)	1	2	3	4	5	6	7	8	9	10	11	12
状 态				发芽			花芽分化		开花			
工 作			修剪				修剪			修剪		
病虫害							叶螨					

栽培环境

日本北海道南部至九州

耐寒性 弱
耐热性 中
耐阴性 中

土质…排水好的沙质土壤

常见树形

自然树形　圆柱形　绿篱

推荐树形

半球形

高
2～5米
宽
0.8～4米

夏季疏剪

粗枝
剪掉
剪掉
细枝

1 以平剪方式修剪，粗枝从树冠表面能够看到，将粗枝剪短到有细枝的位置。

修剪前

枝叶茂密，内部树枝缠绕。一直以来都进行平剪，整体感觉拥挤。

平剪后显眼的粗枝

专业技术　修剪要点

- 放任不管树体会不断增大，因此，在花后或发芽前的3月要进行大量修剪。平剪也可以。
- 夏天轻微修剪即可。
- 每几年需要进行1次控制树体积的修剪，可以剪短到上回修剪的位置。

修剪后

修剪后

2 显露在树冠表面的粗枝更新成细枝，枝头会更显柔和。

3 只修剪树体表面，导致内部枝条互相缠绕。需要剪掉交叉枝、内向枝、细弱枝等。

修剪后

疏剪粗枝后，枝头变得柔和。整体修剪成球形，枝间空隙得当。

本次剪枝量

管理秘诀

- ★ 喜半阴的环境。光照不足会使开花不良，光照过强会灼伤叶。
- ★ 栽植和移植在3月或9月进行。该树长势较好，树叶茂密，需要与周围树木间隔2米左右。

蜡 梅

别名：蜡木、黄金茶

注意修剪枝条杂乱生长的部分

具有像上过蜡一样的花瓣，因而得名蜡梅。从元旦到2月之间，在庭院冷清的时期，开出艳丽的黄色并带有芳香的花朵，给冷清的庭院带来绚丽的色彩。

推荐品种 **素心蜡梅**（花朵大，花心为黄色，气味芳香）

栽培月历

（月）	1	2	3	4	5	6	7	8	9	10	11	12
状 态	开花			发芽	花芽分化						落叶	
工 作			修剪									修剪
病虫害	无											

栽培环境 | **常见树形** | **推荐树形**

日本北海道至中部

耐寒性 强
耐热性 中
耐阴性 强

土质：排水好，不会过于干燥的肥沃土壤

自然树形

丛状树形

高 2～4米
宽 1.5～4米

剪除直立枝

使树形紧凑

枝生长方向
剪掉
剪掉后

长势旺盛的直立枝是造成枝条混乱的原因，因此，要从芽的上方剪掉。

专业技术 修剪要点

- 虽放置不管也会开花，但如果不修剪，就会有徒长枝从树基部和树干上长出来，影响美观。无论修剪成柱形或丛状，都要把主干数限制在3根以下。
- 花后尽快进行修剪，疏剪混杂的部分，剪掉缠绕枝。

管理秘诀

★ 栽植和移植在11月至翌年2月中旬进行。阳光充足，排水较好的场地最为适宜。不建议在黏土地块栽植。

修剪前

枝条杂乱，开始与邻近的树产生重叠交叉。树体需要减小一圈。

A

整理细弱枝

1 枝生细弱枝不会开花，需要剪掉。

剪掉

残枝

2 蜡梅的枝略微杂乱更有意境，因此，可少量保留枝生细弱枝。

整理从植株基部长出的枝干 Ⓐ

枝干

枝生长的方向

剪掉

剪短从植株基部长出的太旺盛的枝干。从植株外芽上方剪掉可以防止枝条杂乱生长。之后长出的枝形成层次感会更加美观，因此修剪时可剪短些。

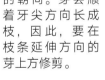

专业技巧　在芽上方修剪时，要注意芽的朝向。芽会顺着牙尖方向长成枝，因此，要在枝条延伸方向的芽上方修剪。

向上伸展的枝

向下伸展的枝

 错误的修剪

避免树枝向上、向下分开的修剪。

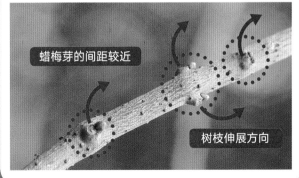

蜡梅芽的间距较近

树枝伸展方向

修剪后

杂乱的枝得到整理。但保留了一些杂乱但有特点的细枝。

茶 梅

别名：山茶花

保留长有花芽的小枝

树形优美，花叶茂盛，在温暖地区的冬季也可以开花。有300多个品种，有多种花色和花形。

推荐品种
红茶梅（开红色花。典型的绿篱品种）
乙女茶梅（典型的粉色花品种。开重瓣花）

栽培月历

(月)	1	2	3	4	5	6	7	8	9	10	11	12
状态			开花		发芽	花芽分化						开花
工作			修剪					修剪				
病虫害				茶黄毒蛾			茶黄毒蛾					

栽培环境
日本东北南部至冲绳

耐寒性	强
耐热性	中
耐阴性	中

土质…稍微带有湿气的肥沃土壤

常见树形
自然树形 圆柱形 卵形 绿篱

推荐树形
半球形
高 2～10米
宽 1～8米

修剪要点

- 花芽生长在春天生长的新梢顶端，因此，花后马上修剪。
- 粗枝上不会长出花芽，因此，把植株上方及顶端的粗枝剪短，增加细枝数。
- 剪掉枝生细弱枝，让植株内部得到光照，改善通风。

限制树高

剪掉后

长势过强的枝

细枝 树冠

剪掉

专业技巧 剪短顶部的枝时，要低于于树冠最外层2～3节。

将顶部长势过强的枝剪短到有细枝的位置。

修剪前

枝叶茂密，树形较杂乱，树过高。

剪短横枝

横枝

剪掉

专业技巧　粗枝不长花芽，尽量多留小枝。

把伸长的横枝剪短到有细枝的位置。

整理树冠

剪掉徒长枝

徒长枝

剪掉

细枝

1 将伸出树冠的徒长枝剪短到树冠外层位置。

2 从细枝的上方修剪后的状态。

使树冠内部通透

细弱枝

剪掉

1 山茶容易在内部长细弱枝，使内部杂乱。细弱枝要从基部剪掉。

修剪后

2 修剪后干和枝的附近变得整洁。如果枝生细弱枝前端的角度较好，可以留下，下次再剪短。

修剪后

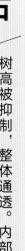

树高被抑制，整体通透。内部光照与通风条件改善，干和枝都显得非常好看。

管理秘诀

★ 发现茶黄毒蛾，连枝一同剪下，焚烧处理。如果喷洒药物，不要遗漏叶背。修剪细弱枝非常重要。

★ 虽然光照充足，开花多，但半阴处也能生长良好。

★ 栽植和移植都在3月最适合，但只要避开严寒期，一般都可以成活。

山 茶

别名：椿

平剪在花后马上进行

日本具有代表性的花木之一，给冬季冷清的庭院增添色彩。有单瓣花和重瓣花，花色有白色、红色等，种类丰富。经常被制成带花的绿篱。

推荐品种
乙女山茶（开粉色的重瓣花）
金花茶（开金黄色的花。叶子有光泽）

栽培月历

（月）	1	2	3	4	5	6	7	8	9	10	11	12
状 态			开花		发芽	花芽分化			结果			
工 作			修剪								修剪	
病虫害				茶黄毒蛾			茶黄毒蛾					

栽培环境

日本东北至冲绳

耐寒性 **强**
耐热性 **中**
耐阴性 **强**

土质…排水好的肥沃土壤

常见树形

自然树形
圆柱形
卵形
绿篱

推荐树形

半球形
圆柱形

高 ← 2～18米
宽 ← 0.8～6米 →

专业技术 **修剪要点**

- 根据品种的特点做出不同的造型。向上生长的品种做卵形，横向生长的品种做半球形等。
- 可以平剪，但疏剪出来的树形更加美观。
- 平剪等修剪宜在花后尽快进行。

修剪前

枝叶茂密，树形杂乱，并且与周围的树缠在一起。

修剪后

枝条疏密适宜，树形为好看的卵形。体积减小了一圈，不再与周围的植物缠绕。

整理树冠

树冠

使树冠内部通透

1 整理导致内部混乱的细弱枝。

1 修剪植株树冠，降低高度。

树冠

伸出的枝

剪掉

剪掉

树冠

2 把伸出树冠的枝，剪短到树冠内部长有细枝的位置。

4 把枝头按照树冠的形状，细微地调整。观察好整体树形后再进行修剪。

2 修剪后，没有了细弱枝，枝干非常清爽。

徒长枝

剪掉

更新的细枝

3 将徒长枝剪短，更新成细枝。

管理秘诀

★ 除了严寒期以外，一年中都可以进行栽植和移植，最适时期在3月。

★ 每年4月和8月是出现茶黄毒蛾的时期，必须做好预防。发现幼虫后，把枝剪掉，焚烧处理。如果手碰到幼虫的毛，会引起不适，因此，除虫时要穿上长袖并戴上手套。

山茶科·山茶属

寒 椿

别名：早茶梅

修剪和管理的方法基本与山茶相同

这类植株是不会长太高的矮小型品种。制作绿篱时，栽植在比其高的树木下。

树冠有徒长枝伸出，破坏了树形。植株有横向生长的势头。

树冠

修剪**前**

疏剪树冠

徒长枝

树冠

剪掉

1 把生长迅猛的徒长枝，剪短到比树冠略深的细枝处。

小枝

剪掉

横向枝

2 将横向生长的枝剪短到有小枝的位置，缩小树的体积。

3 剪短横枝后的状态。之后，对混杂处进行疏剪。

本次剪枝量

修剪**后**

修剪成半球形，并减小了体积。干和枝的状态也能看见。

常绿针叶树

evergreen needle-leaved tree

- 赤松・黑松
- 蓝云杉
- 罗汉松
- 线柏
- 日本扁柏
- 侧柏
- 北美圆柏

赤松·黑松

别名：雌松·雄松

1年修剪两次，枝头呈二叉状

赤松树皮为赤色，枝较纤细。黑松树体较粗，树皮黑褐色、龟裂。这两种树都是日本庭院必栽树种，自古就受到人们的喜爱。

推荐品种 **垂枝赤松**（和式和欧式庭院都适合，有垂枝性）
千头赤松（不会长太高，方便打理）

栽培月历

（月）	1	2	3	4	5	6	7	8	9	10	11	12
状 态				发芽								
				开花			花芽分化			落叶		
工 作				摘心						修剪·摘老叶		
病虫害		松毛虫				松叶螨						
				纵坑切梢小蠹								

栽培环境

赤松：日本北海道南部至九州
黑松：日本东北南部至冲绳

耐寒性 中
耐热性 强
耐阴性 弱
土质…有机质丰富，排水好的土壤

常见树形

自然树形　花样树形

推荐树形

宽圆锥形

高 2～30米
宽 1.5～30米

整理树冠

剪掉
伸出的枝

1 有强枝伸出了树冠，在树冠微深位置将其从基部剪掉。

2 树冠修剪后的状态

专业技术 修剪要点

• 春季摘除直立的新芽（摘心），只留下朝向两边生长的2个芽。

• 冬季，将夏天长成的枝顶端剪成二叉形，并揪掉老叶。

修剪前

摘心后强枝很显眼。枝叶茂密，给人俗气的印象。

专业技巧

松树要从上往下修剪。这样可以一边修剪，一边将修剪掉的枝叶从树上打落，提高修剪效率。

整理枝头

强芽

剪掉

弱芽

枝头长有3个芽，叶子较密，剪掉中间的强芽，修剪成二叉形。

摘掉老叶

1 疏枝后，需要手动摘叶。每个枝头保留5~6对（10~12根）叶，多余的叶摘掉。

管理秘诀

★ 原生境为海岸附近的沙地，所以，在光照充足，排水好的环境下，即使土壤贫瘠也能栽培。强风地带也可以栽培。

★ 松毛虫危害较重，发现后必须立刻捕杀，或者在5月喷洒药物。

2 修剪枝头和摘叶后的状态。松树枝的形状是观赏要点。使枝叶疏松，枝头之间留适当间隔比较美观。

修剪后

树冠得到修整，整体通透。每个枝头都非常整洁，具有了松树的风采。

3 俯视看到的状态。叶稀疏，枝的走向清晰可见。

1 长有3个新芽。如果放任生长，后期枝叶会过于密集。

为了让留下的2个芽长度相近，将左侧较长的芽从中间折断。

2 用手把中间的强芽从基部摘掉。新芽长出3个及以上时，左右两边各留1个芽，其余的摘掉。

4 这2个芽长大后，会形成较对称的二叉形。

松科・云杉属

蓝云杉

使枝头二叉状伸展

圣诞树树形，青绿色的叶子带有银色非常适合欧式庭院栽培。

推荐品种
小针蓝云杉（圣诞树的树形与银绿色的树叶非常美观）
北美蓝云杉（生长平缓）

栽培月历

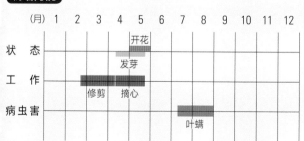

(月)	1	2	3	4	5	6	7	8	9	10	11	12
状态					开花							
工作			修剪	发芽 摘心								
病虫害							叶螨					

栽培环境

日本北海道至冲绳

耐寒性	强
耐热性	弱
耐阴性	弱

土质 … 排水好的肥沃土壤

常见树形

自然树形

推荐树形
宽圆锥形
高 2～10米
宽 1～6米

- 为了不让顶部分叉，冠顶只保留一根主枝，将树体修剪为圆锥形。
- 枝叶密集会导致内部枝叶枯萎，因此，在发芽前，剪掉重叠的无用枝，疏剪树冠。
- 将枝头做成二叉形，减弱其向外生长势。

修剪前
似圣诞树但树形杂乱，枝叶重叠。

顶部只留一个冠顶主枝

树顶主枝

剪掉　　侧枝

冠顶下方的枝开始向上竞争。为了防止冠顶主枝分叉，需要把侧枝从基部剪掉。

剪掉交叉枝

重叠枝

1 枝生长方向相同，上下重叠。下方的枝照射不到阳光，即将枯萎，这样的枝要从其基部剪掉。

2 修剪后光照和通风条件得到改善。

剪掉向下生长的枝

向下生长的枝　剪掉

修剪后

蓝云杉的枝正常情况下水平生长，如果有下垂枝，从枝条基部剪掉。

剪掉萌生枝

剪掉
剪掉
剪掉
剪掉
剪掉
剪掉
剪掉

1 剪掉从树干上生长出来的萌生枝。

2 萌生枝被剪掉后树干变得整洁，并且树冠内部通风透光条件改善。

将枝头修剪成二叉形

1 枝头分了叉，剪掉中间的一枝。

左侧枝

剪掉

中间枝

右侧枝

2 剪掉后左右的枝向外侧生长。

生长方向

剪掉

剪掉

3 左右的枝还会长出三叉头，因此，还要剪掉中间的枝。反复以上操作，最终会得到理想的树形。

修剪后

变成了好看的圣诞树形状。树整体透气性提高，内部也能照到阳光。

管理秘诀

★ 喜光照充足、排水好的环境，不挑土质。如果光照不足，叶子颜色会受到影响，因此，栽植地要避植株受周围物质遮挡。

★ 在幼树时期，冠顶主枝不能笔直生长，需要用支柱诱引。当树高长到2米时，可以撤去支柱，但是，长高1米需要5～6年的时间。

罗汉松

别名：土杉，罗汉杉

剪枝时要避免伤叶

发芽力旺盛，经得起较大强度的修剪，因此，可以修剪成多种树形。在日本常被作为庭院中主题花木栽培。

推荐品种
红芽罗汉松（新梢为红色）
金钻罗汉松（低矮性品种，新梢金黄色）

栽培月历

(月)	1	2	3	4	5	6	7	8	9	10	11	12
状　态				发芽						结果		
					开花							
工　作	修剪					修剪				修剪		
病虫害	无											

栽培环境

日本关东至冲绳

耐寒性 **强**
耐热性 **强**
耐阴性 **强**

土质 … 略微带有湿气的肥沃土壤

常见树形

绿篱
散球形
花样树形

推荐树形

半球形
高 3～20米
宽 1.5～12米

专业技术 修剪要点

- 可以修剪成许多树形。但是，叶片如果受损，之后就会枯萎，变成茶色。因此，适宜疏剪。
- 若光靠修剪不能达到想要的树形时，可以用绳子牵引。每年要确认系绳处，发现绳子勒紧了树枝时，则需要更换系绳位置。

制作树形 剪短顶部 Ⓐ

粗壮的强枝

剪掉

1 粗壮的强枝在基部。不要使用伤害树叶的平剪方式，疏枝有利于做出好看的树形。

修剪前

枝叶杂乱，树形被破坏。枝叶过于茂密，枝和干都被遮挡了。

Ⓐ

2 剪掉后，顶部轮廓圆滑。将下面的枝也剪成这样。

专业技巧 不要剪到叶子，要剪细枝。受伤的叶片都会枯萎，变成茶色。

主枝修剪成半球形

粗壮的强枝

剪掉

1 剪短下方的枝和长枝，制作成球形。

2 枝头被修剪成球形。留出今后生长空间的前提下进行疏剪。

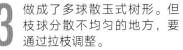

3 做成了多球散玉式树形。但枝球分散不均匀的地方，要通过拉枝调整。

剪掉无用枝

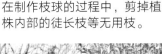

徒长枝

剪掉

在制作枝球的过程中，剪掉植株内部的徒长枝等无用枝。

拉枝分散枝球

左侧的枝球

右侧的枝球

1 为了防止枝球聚集，需要用绳子向下拉枝，让距离太近的枝球左右分开。绳子系在离根较近的枝上。

专业技巧 枝条系上绳子后，一边推枝一边拉绳，更容易改变生长方向。绳子牵引力要稍大一些。

修剪后

每个枝球都非常整洁。通过拉枝枝球的重叠现象消失，变得很有活力。

2 相反，下方枝球拉枝时需要将绳子系在上方的主枝基部。若同一高度长多个枝球，则分别向上、下拉枝。

管理秘诀

★ 栽植和移植都在温暖的4～5月进行。

★ 分为雄株和雌株，如果想得到果实，选择雌株种植。

★ 病虫害较少，但新芽有时会有蚜虫，如果发生量较大，可以喷洒药物处理。

线柏

像线一样垂下的枝叶

叶像线一样细长，因此得名线柏。枝和叶都弯曲下垂，树形特别，很受大家喜爱。修剪至叶之间有适当缝隙，能看到树干最好。

推荐品种 **孔雀线柏** (冬季叶子变成鲜黄色)

栽培月历

	（月）	1	2	3	4	5	6	7	8	9	10	11	12
状态					发芽								
工作												修剪	
病虫害		无											

栽培环境

日本东北南部至冲绳

耐寒性 **强**
耐热性 **强**
耐阴性 **中**
土质 … 排水好的肥沃土壤

常见树形

自然树形　圆柱形　绿篱

推荐树形

宽圆锥形

高　2〜4米
宽　1.2〜2.5米

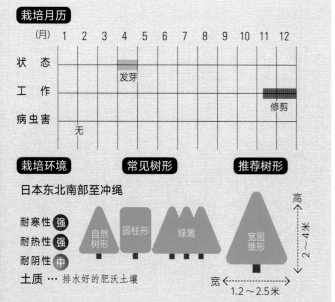

顶部的枝叶修剪成流线形

向内侧直立生长的枝　向外侧生长的枝

剪掉

1 剪去内侧直立生长的枝，留下向外侧生长的枝。

2 修剪后，形成向外弯曲蔓延的流线形。

修剪 前

枝叶茂密，给人厚重的感觉。没有体现出线柏垂枝的美。

疏剪内部

剪掉

剪掉　　剪掉

专业技术　修剪要点

把枝修剪成从上往下的流线形。上部枝大量短剪，下部枝少量剪短。

1 内部的短枝是造成枝杂乱生长或枯萎的原因，需要从枝基剪掉。

杂乱部分

剪掉

剪掉　　剪掉

剪掉

剪掉

较直的分枝

2 剪掉枝头杂乱生长部分的无用枝。

3 修剪后枝条向指定方向下垂，整体流线清晰、流畅。

修剪后　树形修剪成了典型的垂枝形，枝叶仿佛在向下流动。

枝头长出3～4根分枝，并且呈扇形生长是最理想的状态。

管理秘诀

★ 光照不足，会导致叶颜色变浅。

★ 栽植和移植在1年中都可以，3月是最佳时期。栽植或移植前先要减少树枝的数量。

日本扁柏

别名：钝叶扁柏

整体疏剪，防止枝条枯死

该树是扁柏的矮性园艺品种。矮小的枝呈扇形密生，并且发芽力旺盛，可以做成很多树形。无论是欧式庭院还是和式庭院，都适合栽植。

推荐品种　镰仓花柏（叶子会变成黄色）
垂丝柏（具有垂枝性的品种）

栽培月历

（月）	1	2	3	4	5	6	7	8	9	10	11	12
状态				发芽 开花								
工作			修剪							修剪		
病虫害					叶螨							

栽培环境

日本北海道南部至冲绳

耐寒性（中）
耐热性（中）
耐阴性（中）

土质 … 略带有湿气的肥沃土壤

常见树形

自然树形
圆锥形
自由修剪

推荐树形

圆柱形

高
3～10米
宽
2～3米

专业技术　修剪要点

- 得不到光照的部分会枯死，所以需要疏剪树叶茂密的部分。
- 如果进行平剪，叶子切口处会枯萎变黄，因此，不得不采用疏剪。
- 如果需要平剪，要在发芽前进行。这样修剪后芽长成叶，会将枯叶遮挡住。

混杂部分和得不到光照部分的叶枯萎，变成茶黄色。

修剪前

原来的树形是散球形，但现在枝球连在一起，看起来很乱。

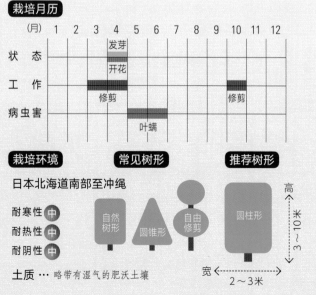

管理秘诀

★ 栽植和移植都在3～4月或9～10月进行。该树不太适合移植，因此，栽植时要选好地点。

★ 贫瘠的土壤上长势不好，栽植时需要施堆肥和鸡粪肥的混合肥料。

专业技巧
一根一根剪去枯叶觉得麻烦时，看情况可以徒手处理。这样可以节省时间，但必须要戴手套操作。

修整树形

为了让下层部分也能照射到阳光，需要大量疏剪上层。

修剪后

整体枝叶变得稀疏，每个枝球都清晰可见，修剪成了美观的多球散玉形。

横向生长的枝

剪掉

树冠

1 剪短伸出树冠横向生长的枝，剪短到略深于树冠的位置。用同样的方式，修剪太粗的枝等无用枝，让树冠枝条变得稀疏。

专业技巧
叶片受损会变黄枯萎。因此，疏剪小枝会更好。

树冠

剪掉

2 针叶树的树冠顶部会长出多根粗枝。剪短这些粗枝，对顶部进行修剪。

3 疏剪每个球的同时修剪枝球。枝球之间要有适当的空隙。

球状

侧 柏

别名：香柏

背部容易枯萎

生长缓慢的小型树，栽植在门前或做成绿篱，主要观赏树形和叶色。适合欧式庭院栽培。修剪简单，容易管理。

推荐品种	金黄侧柏（叶黄色） 密叶侧柏（丛生，矮生型）

栽培月历

（月）	1	2	3	4	5	6	7	8	9	10	11	12
状 态			发芽		开花							
工 作						修剪					修剪	
病虫害								叶螨				

栽培环境

日本东北以南地区

耐寒性 弱
耐热性 强
耐阴性 中

土质 … 排水好的土壤

常见树形

自然树形　绿篱

推荐树形

卵形

高 2～4米
宽 1～2米

专业技术　修剪要点

- 树形是卵形，需要将伸出树冠的枝剪回树冠内部，维持树形。
- 如果要将树体积控制在一定大小，应在其长大前修剪。
- 夏天发出新芽之前，可以平剪。如果在秋后平剪，新芽不会长长，翌年春天的叶色呈现褐色。

叶过于茂密，内部叶得不到光照，导致枯萎。

修剪前

照此生长，树会长很高，顶部会分叉。

卵形被破坏，枝开始横向生长。

树形整体被破坏，顶部向左倾斜。枝条拥挤，内部可能会出现枯萎等现象。

剪短强枝

2 按照图示的方法剪短枝。该枝还会继续生长。

3 图为剪短的枝。因为内部叶正在枯萎，可以修剪的长度不长。树长得越大，长枯叶的部分越长，越不便于控制体积。

剪掉

剪掉后

比周围枝粗的枝

1 枝条上叶枯萎的部分不会长出新芽。因此，要剪短到没有枯叶的位置。

专业技巧 为了剪出松软的感觉，不要直接修剪叶子，要修剪枝条。

修剪先端

修剪后

树形剪成卵形，线条清晰、饱满，整体展现出了蓬松的感觉，体现了该树的特点。

剪掉

为了株形的美观，剪掉叶子的先端。把剪刀斜插到枝梢丛中修剪，可以隐藏剪口，对树的损伤也小。

管理秘诀

★ 喜光，不耐寒，要避开北风和有强烈光照的地方种植。

★ 叶容易受损，只要和周围的树接触，就会变枯黄，所以要和旁边的树保持足够的间隔。

北美圆柏

别名：铅笔柏

抑制直立生长

原产地为北美，匍匐性针叶树，银色的叶很具观赏价值。枝头略微下垂，因此，适合用作地被植物。

推荐品种 **帕奇**（生命力旺盛。枝叶茂密，适合修成精致的树形）

栽培月历

（月）	1	2	3	4	5	6	7	8	9	10	11	12
状态				发芽						结果		
				开花								
工作				修剪		修剪		修剪		修剪		
病虫害	无											

栽培环境

日本北海道至九州地区

耐寒性 **强**

耐热性 **中**

耐阴性 **中**

土质 … 稍带湿气的土壤

常见树形

自然树形

推荐树形

半球形

高 ← 0.3～0.6米 →

宽 ← 1～3米 →

专业技术 修剪要点

- 内部容易枯萎，通过细致地疏剪，使内部稀疏。
- 需要疏除细枝，如果剪到叶，受损叶就会枯萎。如果修剪量少，可以用手将其摘掉。

管理秘诀

★ 栽植和移植都可在2～4月或9～10月进行。

★ 光照后叶子变成银色。但如果枝叶茂密，内部得不到光照，内部叶色就为绿色。

修剪前

枝伸得过长，导致树形凌乱。

伸长的枝被剪短，整体稀疏了一些。

修剪后

疏剪树冠

直立生长的强枝

剪掉

剪掉

1 把直立生长的强枝剪短到有小枝的位置。

2 叶受损后会枯萎，因此，疏剪细枝时修枝剪要小心地插入。

常绿阔叶树

evergreen broad-leaved tree

青　木

别名：珊瑚木

疏剪分枝

　　耐阴性较强。在庭院中建筑物背阴处栽培，可以选择颜色比较明亮的品种。雌雄异株，如果栽植雌株，从晚秋到冬季，可以欣赏到红色的果实。

推荐品种　**黄覆盖叶**（叶子上有黄色花纹，颜色鲜艳）
中斑（叶子上有星星一样的花纹）

栽培月历

（月）	1	2	3	4	5	6	7	8	9	10	11	12
状　态				发芽							结果	
				开花				花芽分化				
工　作			修剪								修剪	
				蚜虫								
病虫害	介壳虫					碧蛾蜡蝉					介壳虫	

栽培环境

日本东北南部至冲绳

耐寒性 **强**
耐热性 **中**
耐阴性 **强**

土质 … 稍微湿润的肥沃土壤

常见树形

自然树形　球形

推荐树形

丛状树形

高
宽　0.8~2米
1~2米

专业技术　修剪要点

- 自然生长也能长成丛状，因此，不需要频繁修剪。枝叶密集处两年内疏剪一次即可。
- 粗枝会直立生长，扰乱树形，将这样的枝剪短。
- 老枝会变硬，不会长出叶子，因此，为了更新树枝，每过 4 ~ 5 年需台刈一次。
- 适当摘除枝头的叶，有利于长出漂亮的红色果实。

修剪前

枝叶混乱，过于密集，给人厚重感。因为该树多栽在阴暗处，为了看起来颜色明亮些，需要疏剪内部。

剪掉直立枝

直立枝

剪掉

把向上直立生长的强枝剪短。剪口宜在芽的上方。

疏剪分枝

粗枝

剪掉

剪掉后

1 从同一个位置长出多数分枝时，通过疏剪减少枝数。优先剪掉粗枝、枯死枝、内向枝等。

2 通过疏剪强枝，可以调整树形，增加内部透光性。

枝先端的修剪

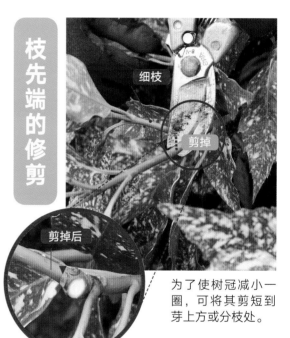

细枝

剪掉

剪掉后

为了使树冠减小一圈，可将其剪短到芽上方或分枝处。

修剪后

树形修剪成卵形。拥挤的枝叶变稀疏，叶色更显明亮。

整理基部

1 剪掉从基部长出的内向枝等影响树枝流向的枝。

内向枝

剪掉

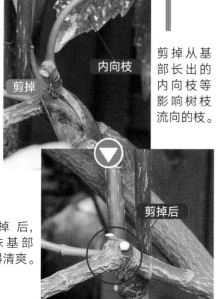

剪掉后

2 剪掉后，植株基部变得清爽。

玉崎派

露出果实

为了让青木的果实展现出来，修剪时，把遮挡果实的内部粗枝剪掉。

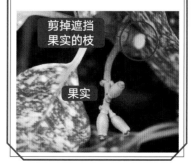

剪掉遮挡果实的枝

果实

管理秘诀

★ 喜湿润的肥沃土壤，半阴处也能栽培，是典型的耐阴树种。但光照太弱，只会长枝。在光线稍好的半阴处，可以长出好看的叶片。

★ 叶子上带有斑纹的品种，如果光照过强，可能会灼伤叶片。

齿叶冬青

别名：长梗齿叶冬青

通过平剪和疏剪，制作美丽的散球树形

该树与黄杨不是同种，但却和黄杨长得很相似。发芽力旺盛，可以采用多种修剪方式，做出多种树形。

推荐品种
金宝石（具有金黄色叶片的品种）
金叶日本冬青（低矮性品种）

栽培月历

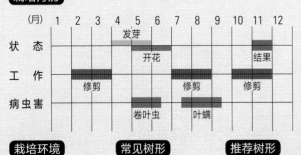

（月）	1	2	3	4	5	6	7	8	9	10	11	12
状态					发芽						结果	
						开花						
工作		修剪					修剪			修剪		
病虫害					卷叶虫		叶螨					

栽培环境

日本北海道南部至九州

耐寒性 中
耐热性 中
耐阴性 中
土质 … 排水好的肥沃土壤

常见树形

自然树形　圆柱形　标准树形
球形　散球形　绿篱

推荐树形

宽圆锥形
高 1.8～4米
宽 1～4米

修剪要点

- 顶部生长较快，制作球形或绿篱时，重点是平剪顶部。
- 反复平剪，表面枝会变得过于密集，内部会枯萎。因此，需要疏剪无用枝，使植株整体通风透光。

管理秘诀

★ 栽植和移植都要避开炎热和严寒时期。
★ 新芽期出现卷叶虫时喷洒药物防治。发现叶螨时喷洒除螨剂。

剪掉强枝和粗枝

树冠
粗枝
剪掉

剪掉伸出树冠的强枝。剪口露出会影响美观，可在深于树冠的位置修剪。剪太短也不用担心，很快会长出来。

修剪前

反复平剪后没有打理，枝叶拥挤，树形杂乱。可以修剪成散球形。

平剪

生长良好的中部强剪

专业技巧

需要将冠顶修剪成平面或曲面时，将大平剪刀刃朝下使用。

1 强枝剪掉后，使用大平剪修剪枝球。首先修整枝球顶部。

3 把枝球的下方尽量剪平。

伸出树冠的枝

4 平剪后，把伸出树冠的粗枝再次剪短。

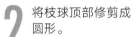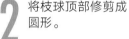

2 将枝球顶部修剪成圆形。

5 以同样的方法修剪第二层的枝球。枝球之间要留出适当距离。

修剪后

修剪成了好看的散球形。每层枝球枝量合适，下方的枝球也能得到充分的光照。各层枝球可以相互错开。

留出间隔

具柄冬青

别名：长梗冬青、落霜红

树势中等，管理方便

叶子飒飒作响，给人凉爽的感觉。在秋天结出的红色果实与绿叶形成鲜明的对比，非常好看。无论是欧式庭院还是和式庭院都很适合。

推荐品种 **冬季红玉**（果实大，颜色鲜红）

栽培月历

（月）	1	2	3	4	5	6	7	8	9	10	11	12
状 态			花芽分化			开花				结果		
工 作	修剪						修剪				修剪	
病虫害							介壳虫					

栽培环境

日本东北南部至冲绳

耐寒性 **强**
耐热性 **强**
耐阴性 **中**
土质 … 排水好的土壤

常见树形

自然树形　丛状树形

推荐树形

宽圆锥形

高 2.5～10米
宽 1～8米

- 剪短粗枝和长枝，让树干长出细枝。
- 疏剪枝叶，使从外部可以露出干和枝。

修剪 前

整体过于茂密，看不出是3个主枝。干和枝的流线也完全看不出来。

剪掉粗枝

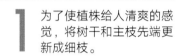

干

细枝

剪掉

粗枝

1 为了使植株给人清爽的感觉，将树干和主枝先端更新成细枝。

剪掉后

2 按照图示的方式修剪整体植株。

管理秘诀

★ 喜光照充足、排水良好的场所，但抗旱性较弱。但耐阴性也较强，因此，栽植在半阴的场所较好。

★ 该树雌雄异株，如果想得到果实，需要在雌株旁边栽植雄株。为了增强结果，附近可以多栽植雄株。

修剪后

树干挺立，枝条走向清晰可见。主干和主枝上长出的细枝可以随风轻盈地摇摆，非常好看。

全缘冬青

- 发芽力旺盛，可以用平剪的方式做成散球形和圆柱形等。
- 花芽长在叶腋处，下一年可开花。如果想结出果实，剪枝时不要剪掉花芽。
- 树高可以长到10米以上，因此，把高度控制在梯子能够到的范围内。

管理秘诀

- ★ 栽植和移植都在6~7月进行。若树形较大，移植不方便，因此，栽植时要考虑栽植空间。
- ★ 要注意介壳虫和卷叶虫。介壳虫会引起煤污病，要注意通风。

树冠内部通透

树形制作简单

该树长有光亮的绿色叶子，自古就受到人们的喜爱。雌雄异株，如果栽植雌株，秋天可以欣赏到红色的果实。

推荐品种　**冬青**（粉色的花和红色的果实非常可爱）

栽培月历

（月）	1	2	3	4	5	6	7	8	9	10	11	12
状态				发芽	开花						结果	
工作	修剪					修剪			修剪			
病虫害						介壳虫						

栽培环境

日本东北南部至冲绳

耐寒性 **强**
耐热性 **强**
耐阴性 **中**

土质 ··· 排水好的肥沃土壤

常见树形

自然树形　圆柱形　散球形

推荐树形

半球形

高 3~10米
宽 2~8米

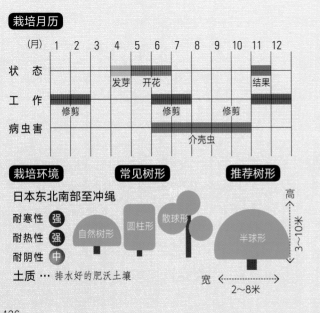

修剪前

修剪过一次后没有再进行打理。因此，枝叶过于密集，植株顶部的徒长枝也很显眼。

修剪后

顶部经过修剪后，树高降低了一些。植株整体光照和通风得到了改善。

冠顶的修剪

新长的冠顶主枝

1 冠顶长有许多徒长枝，需要清理。

2 剪掉强势伸长的枝，保留3根，培养为冠顶主枝。

使树冠通透

粗枝

剪掉

细枝

下垂枝

强势伸长的枝

剪掉

2 把枝头的徒长枝和下垂枝等无用枝，从枝条基部剪掉。

3 图为修整后的枝头。

1 扰乱树形的粗枝剪短到有细枝的位置。对树冠内部从上到下进行疏剪。

修整枝头

伸出树冠的枝条先端

剪掉

最后，把伸出树冠的枝从先端剪短，塑造树形。这操作称为剪中芽。

专业技巧 剪中芽在常绿树修剪的最后一步进行才有效。是介于平剪和短剪之间的剪枝方法。

油橄榄

别名：木樨榄

疏剪拥挤的细枝

叶子是具光泽的银白色，非常适合在欧式庭院种植。如果栽植2种以上品种，能改善结果品质。耐寒性相对较强，贫瘠的土壤也能种植，是容易栽培的树种。

推荐品种 曼萨尼约橄榄（结果性好）
Mission（单棵也能结果）

栽培月历

（月）	1	2	3	4	5	6	7	8	9	10	11	12
状态					发芽				结果			
					开花							
工作			修剪				修剪					
病虫害			油橄榄象鼻虫			油橄榄象鼻虫			油橄榄象鼻虫			

栽培环境

日本关东至冲绳

耐寒性 弱
耐热性 强
耐阴性 弱

土质 … 排水好的肥沃土壤

常见树形
自然树形　标准树形

推荐树形
半球形
高 2～15米
宽 1.5～12米

- 枝头和树干中间长出许多细枝，使树形变得杂乱，因此，需要修剪这些枝条。
- 发芽力旺盛，可以平剪，但利用密集的树枝，制作自然树形也是不错的选择。

管理秘诀

★ 温暖地方原产树种，因此，避开在严寒期实施修剪等作业。
★ 宜栽培在光照好，排水好，并且略微干燥的地块。

疏剪树冠内部

1 长有拥挤的细小枝。枝叶过于茂密，树冠内部得不到光照，会引起枝枯。因此，要剪掉树干上的枯死枝和细弱枝。

2 修剪后，树冠内部非常清爽。

徒长枝
更新的细枝
剪掉

3 把直立向上的徒长枝剪短到有细枝的位置。徒长枝的先端不会长花芽，因此可以把先端剪短。

修剪**后**

接近自然树形。

木樨科·梣属

光蜡树

别名：桂林白蜡

疏剪枝条，防止拥挤

　　叶子具有明亮的光泽，风吹枝叶飒飒作响，适合自然风的庭院栽植。看似杂乱的自然树形，会给庭院带来清凉的感觉。

| 推荐品种 | 花叶光蜡树（叶子带有黄白色的斑纹）
菜豆树（在种树木中，叶子最具光泽的品种） |

栽培月历

（月）	1	2	3	4	5	6	7	8	9	10	11	12
状 态				发芽								
					开花							
工 作			修剪				修剪					
病虫害		无										

栽培环境

日本关东至九州

耐寒性 （中）
耐热性 （强）
耐阴性 （中）
土质 ··· 略带湿气的土壤

常见树形

自然树形　丛状树形

推荐树形

倒卵形

高 ↕ 2.5~25米

宽 ↔ 1.5~20米

- 若要修剪成自然的杂木丛状，需剪掉下方的枝，露出树干。
- 如果枝叶茂密，就会丧失该树特有的清凉感。因此，每年都要疏剪枝条，保持树体通风透光。

管理秘诀

★ 栽植和移植都在无霜期的4月以后进行。
★ 在强光照射并极端干燥的环境中，叶色会变差。

缩小树冠的体积

强势生长的枝

剪掉

剪掉

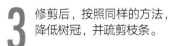

更新细枝

剪掉后

1 把顶部长势过强的枝，剪短到有细枝的位置。光蜡树生长快，1年能长50~60厘米。

2 把左侧强势生长的枝剪短到分枝的位置。

3 修剪后，按照同样的方法，降低树冠，并疏剪枝条。

修剪**后**

整体的枝叶变得稀疏，给人清爽的感觉。修剪成丛状，树干也清晰可见。

月 桂

别名：香叶

适度疏剪，多留叶片

浓厚的绿色树叶是该树的魅力。干燥的树叶被称为香叶，在做肉菜时，作为调味料使用。

推荐品种	金色月桂 (叶子明亮。香味略少)

栽培月历

(月)	1	2	3	4	5	6	7	8	9	10	11	12
状 态			发芽						花芽分化			
				开花						结果		
工 作					修剪		修剪				修剪	
病虫害						介壳虫						

栽培环境

日本关东至冲绳

耐寒性 **弱**
耐热性 **强**
耐阴性 **弱**
土质 … 没有特别要求

常见树形

自然树形　标准树形　圆柱树形　绿篱

推荐树形

卵形　高 3～18米

宽 1～12米

剪掉

1 把树冠内部的全部枯死枝从基部剪掉。

修剪后

修剪前

枝叶过于茂密，内部得不到光照，还出现一些枯死枝。

枝生细弱枝

剪掉

剪掉后

专业技术 修剪要点

- 树枝生长势强，需要经常修剪，将树高控制在方便管理的范围。
- 因为发芽力旺盛，可以修剪成多种树形或制作绿篱。
- 如果树长过高，将树干从基部剪掉，培养蘖枝，更新植株。

2 剪后不久就会干枯的细弱枝。

管理秘诀

★ 栽植和移植在3月进行。如果是光照充足的场地，即使是干燥贫瘠的土壤也能栽培。

★ 发芽力旺盛，不需要大量施肥。

3 树冠内部变得稀疏、透光。

植株基部的修剪

剪掉

从植株根部长出的粗枝

1 该树适合单干形，剪掉从基部长出的粗枝。

萌蘖枝

剪掉

2 贴地面剪掉萌蘖枝。

3 修剪后成了简洁的单干形，主干部分光滑整洁。

修剪树冠顶部

1 按照树冠的高度修剪伸长的枝。

专业技巧 修剪树冠顶部的枝条时，要考虑到之后的生长空间，从深于树冠2~3节处剪短。

树冠

两侧的枝

正中间的枝

剪掉

2 枝头分三叉的，将正中间的枝剪掉，使枝头分散。

剪掉

3 两侧保留的枝如果过长，将其顶端剪短到有芽的位置。

剪掉后

4 剪掉长势最强的中间枝后，可以抑制枝头的生长。按照这样的方式，处理其他枝。

修剪后

内部枝叶通风透光改善，单干形的主干和枝都展现了出来。树的体积也略微缩小了。

142

虎皮楠科·虎皮楠属

交让木

别名：水红朴、枸色子

剪掉老枝，控制枝数

早春时节，在枝头长出新叶的极短时间内，去掉全部老叶。具有鲜明的世代交替生长特征，被作为子孙繁荣的吉祥树栽植。

推荐品种
斑叶交让木（树叶有白斑，是叶子好看的品种）
青轴交让木（连叶轴都是青色的品种）

栽培月历

（月）	1	2	3	4	5	6	7	8	9	10	11	12
状态				发芽	开花				结果			
工作							修剪					
病虫害		无										

栽培环境

日本东北南部以南地区

耐寒性 **弱**
耐热性 **中**
耐阴性 **中**

土质 … 具有湿气的肥沃土壤

常见树形
自然树形

推荐树形
半球形
高
3～10米
宽
2～10米

整体杂乱，给人沉重的感觉。通风不良，内部得不到光照。

专业技术 修剪要点

- 即使自然生长，枝和干也不会杂乱，能保持自然树形，因此，修剪徒长枝和枝叶混杂处即可。
- 发芽力较弱，应避免强剪和平剪。

疏剪杂乱部分

徒长枝

剪掉

1 多条枝从同一位置发出，这些枝长大后容易交杂在一起，使整体看起来混乱。因此，把其中长势较强的枝疏剪掉。

2 修剪后留下2～3根。

3 用同样的方式，修剪其他枝条。

专业技巧

使用人字梯作业时，身体微前倾较为安全。

整理不要枝

萌生枝

剪掉

剪掉后

1 将干或粗枝上长出的影响通风与光照的萌生枝剪掉。

2 修剪后，按照同样的方法修剪内侧杂乱处的枝。

修剪后

顶部的枝变得稀疏。树干与枝的流线也清晰可见。

管理秘诀

★ 抗寒性较弱，因此，如果在寒冷地区栽植，需要采取防寒措施，或栽植抗寒性强的品种。

虎皮楠科·虎皮楠属

奥氏虎皮楠

剪枝等管理方式基本与交让木相同

原产于温暖地区海岸线的常绿乔木。与交让木相比，叶片小，长得稍矮。

修剪前 树过高，整体枝叶杂乱。

修剪后

枝叶变得稀疏，枝头有清爽的柔和感。顶部被剪短，树高也得到了控制。

夏天的疏剪

生长方向不好的枝

剪掉

剪掉

专业技巧 粗枝要从贴近树干处剪掉，如果剪掉后剩下的部分较长，就会枯萎。

1 将横向生长的粗枝从枝基部剪掉。

2 长有多根小枝的密集混杂处，需要剪掉生长方向不好或长势强的枝。

细弱枝

剪掉

3 细弱枝和萌生枝从基部剪掉，疏通内部，尽量疏剪到能看到主枝的程度。

剪掉

4 枝头长有多数枝的时候，剪掉强枝（粗枝），保留2~3根细枝。

5 修剪后，留下的枝还需要剪短枝头，减少叶片数量。

红淡比

别名：森氏红淡比

控制树冠，修剪树形成圆锥形

叶子深绿色且具有光泽，自古被用于庙会等与神有关的事情。发芽力旺盛，可以平剪。抗病能力也强，经常做成绿篱。

推荐品种

三色红淡比（叶有白色斑纹，叶色明亮）
柃木（近缘种，花是圆形）

栽培月历

（月）	1	2	3	4	5	6	7	8	9	10	11	12
状态					发芽						结果	
						开花						
工作	修剪						修剪				修剪	
病虫害		无										

栽培环境

日本关东至冲绳

耐寒性 中
耐热性 中
耐阴性 强

土质…略微带有湿气的肥沃土壤

常见树形

自然树形　圆柱形　绿篱

推荐树形

宽圆锥形

高　2～10米
宽　1.5～7米

修剪树冠

剪短顶部

冠顶主枝
剪掉后
剪掉
伸长的枝

顶部不容易长出分枝，因此，剪短伸太长的枝，使其分枝散叶。该图中，由于想让树再长高点，因此没有剪短。

专业技术　修剪要点

- 自然生长树形也会成为圆锥形，因此，确定树冠的大小后，剪短超出树冠的枝。
- 一般情况下需要剪掉细弱枝等无用枝，但是，为了保持枝叶茂密，适度疏剪即可。
- 发芽力旺盛，可以平剪，因此，可以做成绿篱。

修剪前

枝叶横生，树形被破坏。1年能生长20厘米左右，1年不修剪，明年宽度会增加到40厘米。图中为三色红淡比。

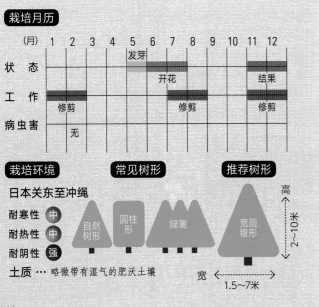

剪短强势生长的枝

树冠

冠顶主枝

强势生长的枝

剪掉

小枝

1 把伸出树冠强势生长的枝，剪短到深于树冠有小枝的位置。

2 剪后。按照同样的方式剪短伸出树冠的枝。

疏剪树冠内部

疏剪强枝

强势生长的枝

剪掉

耐阴性强，内部的强枝和下部枝不会枯萎，但会相互缠绕。考虑整体平衡的前提下，将强枝从基部剪除。

剪掉萌生枝

缠绕枝

剪掉

将树干上的萌生枝和内部缠绕枝从枝基部剪掉。

管理秘诀

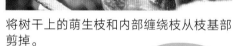

★ 栽植在1年中什么时间都可以，但要避开严寒期和炎热期。移植在3～4月进行。

★ 喜光，但耐阴性强，可以在半阴处栽培。抗海风的能力也强，在海岸附近也能栽植。

修剪后

枝被修整后，树体形成好看的圆锥形。能从枝叶的缝隙看到主干。

修剪树冠先端

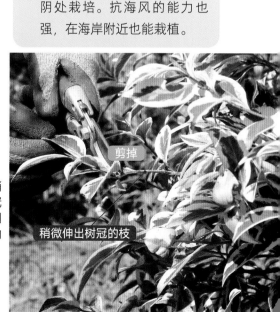

剪掉

稍微伸出树冠的枝

最后，把稍微伸出树冠的枝剪短到叶（芽）的上方位置。

厚皮香

别名：白花果

疏剪茂密的枝叶

　　叶厚有光泽、枝形独特、树形端正，在日式庭院中非常受欢迎，被称为"庭院树之王"。此外，生长缓慢和树形不易长乱也是受欢迎的原因。

推荐品种 **黄边厚皮香**（叶子有斑点，非常好看）

栽培月历

（月）	1	2	3	4	5	6	7	8	9	10	11	12
状　态					发芽					结果		
						开花						
工　作								修剪		修剪		
病虫害					卷叶虫							
					介壳虫							

栽培环境

日本关东至冲绳

耐寒性 中
耐热性 强
耐阴性 中

土质……略微带有湿气的肥沃土壤

常见树形

自然树形　圆柱形　圆锥形　散球形

推荐树形

半球形

高 2~15米

宽 1~10米

树冠
伸出的枝
细枝
剪掉

1 将伸出树冠的枝剪短到树冠内部的芽上方或有细枝处。

树冠

2 修剪后的树冠。

修剪前

枝杂乱生长。叶片密集，内部光照和通风不良。

使树冠通透

细弱枝

剪掉

1 将植株内部的细弱枝全部剪掉。

剪掉后

2 修剪后,植株内部的光照和通风得到改善。

- 即使放任生长,树形也不易长乱,只要修剪徒长枝等即可。
- 从同一处长出许多枝,枝叶容易拥挤,因此,将混杂的枝头疏剪成二叉形。
- 枝形优美,因此不要将枝剪太短,以防出现萌生枝,使枝叶变得混杂。

疏剪枝头

长势旺盛的枝

强枝

剪掉　　剪掉

1 厚皮香的枝头具有从一处发出多条枝的习性,因此,需将其中的强枝剪掉。

2 剪掉后,枝头成为二叉形,最终会形成好看的树形。

管理秘诀

- ★ 如果选择的地块排水性较好,除了发芽期以外,在3 ~ 10月都可以栽植和移植。
- ★ 枝叶茂密会有介壳虫出现,之后会引起煤污病。要注意保持通风透光。

修剪后

树冠内部、枝头修剪后,干和枝走向清晰可见。

小叶青冈·青冈

从树干上直接伸出小树枝

以前主要作为绿篱栽培，现在多修剪成棒状，从树干直接伸出小树枝。

推荐品种	**台湾窄叶青冈**（叶子颜色较亮。被用作景观树或绿篱）

栽培月历

（月）	1	2	3	4	5	6	7	8	9	10	11	12
状态					发芽					结果		
					开花							
工作			修剪				修剪				修剪	
病虫害				蚜虫								
					介壳虫							

栽培环境

日本东北南部至九州

耐寒性 **中**
耐热性 **强**
耐阴性 **中**
土质 … 肥沃的土壤

常见树形
自然树形
丛状树形
绿篱

推荐树形
宽圆锥形

高 2.5~20米
宽 1~3米

专业技术 修剪要点

- 不要使枝长太高太长，以免不好控制树形。
- 疏剪粗枝以及混杂处，留下细枝，可以有柔和感，并且能展现主干优美的姿态。
- 在制作绿篱时，需要细致地修剪，减少损伤，防止内部枝叶枯萎。

修剪前

枝叶茂密，给人沉闷的感觉，主干和枝都看不到。

1 将横向枝、交叉枝等无用枝从基部剪除。

剪掉无用枝

横向枝
剪掉
剪掉

从小枝的上方剪掉。

徒长枝

2 剪短直立的徒长枝。

把粗枝更新成小枝

粗枝

剪掉

专业技巧

防止长出又粗又长的枝是关键。把粗枝剪短到长小枝处，可以体现柔和感。

小枝

粗枝

剪掉

1 图为顶部混杂处，长有几根粗枝，需要从枝条基部剪掉。

2 将枝头粗壮的分枝从基部剪掉，更新成小枝。

剪掉后

3 剪掉后，枝头变成细枝（修剪时留下小枝），整体树形给人清爽的感觉。

修剪后

树干上长出小枝，并且能观赏到树干和枝的形态。枝头也展现出柔和感。

管理秘诀

★ 对土质没有特殊要求，抗旱性强，喜光，但在半阴处也能生长。

★ 发芽力旺盛，生命力强，容易栽培，但如果不定期修剪，会长得又高又大，不便于管理。

151

杨　梅

别名：圣生梅

每年修剪，控制树的体积

让有光泽的叶子茂密生长。雄雌异株，雌株会在初夏结出可以食用的红色果实。如果只是为了欣赏常绿的树形，栽植雄株较好。生活中大部分庭院栽植的都是雄株。

推荐品种	德岛杨梅（果实大）

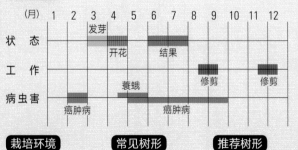

栽培月历

（月）	1	2	3	4	5	6	7	8	9	10	11	12
状态			发芽									
				开花		结果						
工作									修剪		修剪	
病虫害				蓑蛾								
		癌肿病			癌肿病							

栽培环境

日本关东至冲绳

耐寒性 **弱**
耐热性 **强**
耐阴性 **强**
土质 … 黏性土壤

常见树形

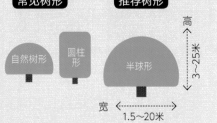

自然树形　圆柱形

推荐树形

半球形

高 3～25米

宽 1.5～20米

修剪冠顶

整形修剪

树冠

剪掉

把伸出树冠外层上方的枝，剪短到树冠内部略深处。

专业技术　修剪要点

- 高度能长到20米以上，因此，最少1年修剪1次。
- 若树叶茂密，阳光则照不到树冠内部，抑制内部分枝的产生，无法进行缩小植株体积的修剪。
- 发芽力旺盛，可以进行强修剪，但由于产自温暖地区，耐寒性弱，因此在寒冷地区，修剪宜在发芽前进行。

修剪前

枝生长无序，树形被打乱。叶子过于茂密。需要整体疏剪，使内部得到光照。

剪掉徒长枝

1 徒长枝不会开花（结果），但叶子茂密而混杂，需要剪短到有细枝的位置。

2 在没有能更新的细枝时，从叶子的上方剪掉。

疏剪树冠内部

剪掉内向枝

2 修剪后，保留的小枝会继续生长。

1 剪掉植株内部的直立枝。修剪时，如果从基部剪掉，内部会出现大片的空隙，因此，在不破坏整体结构的前提下，从中间小枝的上方剪掉。

剪掉直立枝

剪掉导致枝叶杂乱的直立细枝。

剪掉萌生枝

保留的萌生枝

要剪掉的萌生枝

剪掉主干上多余的萌生枝。图中，上方的萌生枝角度较好，可以留下。

疏剪枝头

剪掉

粗枝

长枝

1 将枝头附近的粗枝和长枝，从基部剪掉。

2 剪掉后，保留2~3根同样粗细的小枝。

剪掉后

管理秘诀

★ 栽植和移植在3月、6~7月、9~10月进行。

★ 根部的根瘤菌可以制造养分，因此，在贫瘠的土地上也能栽培。

修剪后

杂乱的树冠被修剪成球形。树冠内部的光照和通风条件改善，主干和枝的姿态清晰可见。

小檗科·十大功劳属

台湾十大功劳

别名：十大功劳

修剪成简洁的丛状树形

叶在冬天会变成红铜色，叶缘具刺。开黄色小花，可结果。在半阴处也能栽培。

推荐品种　**博爱十大功劳**（长有长长的花穗）

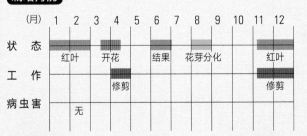

栽培月历

（月）	1	2	3	4	5	6	7	8	9	10	11	12
状态	红叶		开花			结果		花芽分化			红叶	
工作				修剪							修剪	
病虫害		无										

栽培环境

日本东北至冲绳

耐寒性（弱）
耐热性（中）
耐阴性（强）

土质…略微带有湿气的肥沃土壤

常见树形

自然树形

推荐树形

丛状树形

高　0.5～2米

宽　0.5～1米

专业技术　修剪要点

- 该树不容易长出分枝，如果不修剪，会形成棒状。若想促进分枝，可在花后剪短主干和枝。

管理秘诀

★ 栽植和移植，在严寒期外都可以进行，最适合的时间是在3月。不耐干燥，因此，避免在有强光和强风的场所栽植。

★ 在光照较好的地方栽植，叶片为浅黄褐色；稍阴处栽植，叶片为浓绿色。

修剪前　疏剪枝叶

枝叶茂密，整体看起来沉重、暗淡。光照和通风不良。

细枝

将树冠内部杂乱的细枝从基部剪掉。保留树冠上方的枝叶。

修剪后

修剪后给人明亮的感觉，主干和枝的形态清晰可见。

南天竹

别名：红天竺、蓝田竹

更新老干和老枝

被人们认为是防灾避邪的树，常栽植在院门口。苗条的姿态和美丽的红叶也适合栽植在欧式庭院。

推荐品种 多福南天竹（矮性树种，红叶颜色鲜艳）
锦缎南天竹（矮性树种，叶子像绳子一样细）

栽培月历

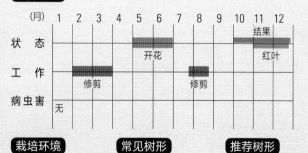

（月）	1	2	3	4	5	6	7	8	9	10	11	12
状态					开花					结果	红叶	
工作		修剪						修剪				
病虫害	无											

栽培环境

日本本州中部至冲绳

耐寒性	强
耐热性	强
耐阴性	中

土质 … 有湿气的土壤

常见树形

自然树形

推荐树形

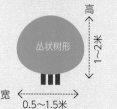

丛状树形

高 1～2米

宽 0.5～1.5米

修剪前

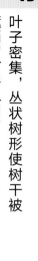

叶子密集，丛状树形使树干被遮挡，树形扭曲。

专业技术 — 修剪要点

- 老枝、长短不一的蘖枝、枯死枝等需要贴地面剪掉，整理植株基部。
- 如果主干之间出现新枝和老枝并存的情况，保留新枝，去掉老枝。

修剪后

植株基部整理后，树干显现了出来。疏剪树冠后，冠幅得到了控制。

清理植株基部

老粗枝

剪掉后

剪掉

1 将老枝、枯死枝、粗干贴地面剪掉。

萌蘗枝

剪掉

2 剪掉从植株根部生长出的萌蘗枝。即使是弱小的蘗枝，也要剪掉。

管理秘诀

★ 喜光照和排水较好的地块，但是抗旱能力不强，因此，适合在半阴场所栽植。

★ 生长过于旺盛时，开花结果都会受到影响。每3～4年用铁锹在植株主干30厘米处的地面刺一圈，用于切断根系，抑制生长。

剪掉小枝

较老的小枝

徒手将小枝连叶一起拔掉。为了不受伤，必须戴上手套。

玉崎派

保留花后的果实

剪枝时保留花后结下的果实。该果实在晚秋到冬季期间保持红色，可以用于欣赏。

果实

竹

掐掉竹笋的前端，调整高度

笔直的干和枝的姿态，随风飘动的叶子都非常美观。较矮的品种如大名竹、黑竹、四方竹、唐竹、寒竹等，适合在庭院栽植。

推荐品种
紫竹（干是黑色的）
寒竹（干的直径只有几厘米，颜色是黄色或黑紫色）

栽培月历

（月）	1	2	3	4	5	6	7	8	9	10	11	12
状态				竹笋	换叶							
工作			修剪	修剪				修剪				
病虫害					竹斑蛾							
					食竹裂爪螨							

栽培环境

日本北海道至冲绳

耐寒性 中
耐热性 中
耐阴性 中

土质 … 除了沙地以外的略微带有湿气的土壤

常见树形
自然树形　散球形　绿篱

推荐树形
竹形
高 2～6米
宽 0.6～1.8米

专业技术 修剪要点

- 如果不修剪，高度增长很快，不便于打理。在竹笋的时候，从预设高度的节上方折断。
- 将枯萎变色的老干贴地面剪掉。每年地下茎都会长出竹笋，随时可以更新。
- 从节处长出的枝中会有几根小枝，留下2～3根，其余枝剪掉。
- 将分枝剪短到离基部2～3节处，从该处会长出许多小枝，将来可修剪成球形。

锯竹锯（右）与一般的修枝锯（左）相比，锯齿非常多，因此切口比较光滑。

修剪前

图中是茎秆为四方形的四方竹。枯萎的干很显眼，但有正在生长的竹笋。

竹笋

修剪后

更新枝后，高度得到了控制。枝叶通透，可以清晰地看到干。虽然现在左侧空缺较大，但随着竹笋的生长会得到补充。

剪掉枯干

茶色的枯干
锯掉
枯干
变黄老干

竹笋

1 将枯干和老干等贴地面锯掉，保留绿色的壮干。修剪竹子时要用专业的修剪工具，如锯竹锯。

2 修剪后，新鲜的竹笋和嫩绿的竹干使整体看起来更具生命力。

折断竹干

节

1 竹长太高不好管理，因此要在适当的高度，从节处将其折断。

2 徒手就可折断节处，折断后可防止其再长高。节处折断不会露出中空结构，不易积水腐烂。

3 图为折断后的状态。折断处理时，要使主干高低错落。细干低些，粗干高些，这样看起来比较自然。

使枝叶通透

剪掉
下垂枝

2节　1节
3节
剪掉

1 四方竹的节处会长出3根短枝，再从短枝上长出小枝。竹类是欣赏干的植物，所以要整理下垂枝、直立枝和徒长枝等。

2 徒长枝，如果从离基部2～3节处剪短，就会从剪短处长出小枝，这些小枝群将来可以培育修剪成球形。

管理秘诀

★ 栽植和移植都在4月，气温稳定后进行。从挖出到栽植期间，绝对不能让根系干燥。

★ 竹子相邻扩散的根系会相互影响，因此，需要在竹子周围将树脂板等插入地下60厘米，将根系包围。

丝 葵

别名：华盛顿棕榈、华棕

需要把枯叶剪掉

在同种植物中耐寒性强，能在日本关东以西温暖地区栽植。如果栽植在庭院中，会产生一种休闲的度假氛围。但该树体积较大，需要一定的栽植场地。

推荐品种
可可椰子（叶大而翘，非常豪华。耐寒性强）
加拿大海枣（叶子茂密。耐寒性较强）

栽培月历

（月）	1	2	3	4	5	6	7	8	9	10	11	12
状 态		开花										
工 作			修剪									
病虫害		无										

栽培环境

日本关东以西至冲绳

耐寒性 中
耐热性 强
耐阴性 弱
土质 … 排水好的土壤

常见树形

自然树形

推荐树形

椰子树形

高 2～15米
宽 2～5米

- 堆叠的枯叶，迟早会腐烂掉落，但该植物纤维质发达，枯萎部分掉落需要一定的时间。枯叶会影响美观，需要剪掉。

管理秘诀

★ 原产地是温暖地区，因此耐热性强，喜光照。
★ 树会长很高大，移植非常费工夫。定植时要选空间大，排水较好的地块。

剪除枯叶

宽刺
剪掉
叶柄

剪掉

1 剪掉枯叶。叶柄两端长有锯齿状的宽刺。因此，修剪时最好戴上防护手套，以免受伤。

2 剪掉枯叶后残留的枯萎叶柄部分需要剪齐。枯叶柄非常坚硬，修剪时需小心。

修剪**前**

修剪**后**

枯叶还在树上。由于叶片较大，若有枯叶会很显眼，影响美观。

剪掉枯叶后，残留的叶柄整齐排列，整体好看许多。

落叶阔叶树

deciduous broad-leaved tree

壳斗科·栎属

枹 栎

别名：绒毛枹栎、短柄枹栎

使枝叶疏松，整体清爽

　　该树与同种的其他植物相比，叶子较小，因此在日语中称为"小枹栎"。发芽力旺盛，如果自由生长会有充满自然味道的野趣气氛；如果作为庭院树栽培，需要修剪成干净整洁的杂木风格。

推荐品种　山栎（矮木，适合多雪地带）
　　　　　　榭树（与枹栎同类，秋天枯叶到下年春天都不会掉落）

栽培月历

(月)	1	2	3	4	5	6	7	8	9	10	11	12
状 态										红叶		
			发芽	开花						结果		
工 作			修剪			修剪					修剪	
病虫害		无										

栽培环境

日本北海道至九州

耐寒性 中
耐热性 中
耐阴性 弱

土质 … 排水好并有一定保水性的土壤

常见树形

自然树形　丛状树形

推荐树形

倒卵形

高　3～15米
宽　2～10米

使树冠内部通透

剪掉平行枝

剪掉
平行枝

剪掉后

1 向同一方向平行生长（平行枝），将其中一枝剪短到分枝处。

2 疏剪枝叶茂盛部分的枝条。

修剪前

树长很高，枝叶总体开始变得混杂。剪掉粗枝和无用枝，使枝叶稀疏，并修剪成整洁的树形。

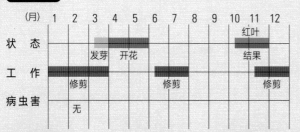

剪掉交叉枝

交叉枝

专业技巧

在不好区分枝整体的流线时，从下方向上观察就容易看出来。

1 剪掉长向植株内侧的交叉枝。

2 剪掉遮挡阳光的枝后，植株内部光照变好。

专业技术　修剪要点

- 1年可以生长1米以上，因此，如果任其生长，可以长到10米以上。将树干的冠顶主枝剪短，将树体控制在方便修剪的高度。
- 将粗枝剪短到有细枝的位置进行更新。

抑制树高

1 为了抑制树高，把直立向上生长的强枝、徒长枝从芽（叶）的上方剪掉。

徒长枝

剪掉

2 从有芽（叶）处剪掉，并隐藏剪掉后的痕迹，就能使树形比较柔和。

剪掉后

缩小树冠的体积

剪掉伸长的横枝

把横向的长枝剪短到有细枝处，更新成新枝。

细枝

横向伸长的枝

剪掉

向上生长的强枝

剪掉

管理秘诀

★ 可以在半阴的环境下栽培，但是，如果光照不足，不会出现红叶。

★ 栽植和移植都在落叶期进行。但要注意避开严寒期。

剪掉后

2 修剪后，枝叶减少，变得很整洁。枝的流线也变得笔直。

剪掉

3 枝头长出分枝，并需要剪掉其中长势旺盛的强枝。

修剪后

剪短徒长枝后树高得到了控制。疏剪枝叶杂乱处后，形成了自然的树形。

槭树科·槭树属

槭 树

让枝叶变得通透

红黄鲜明的红叶，新芽、落叶后纤细的枝条等，在一年四季中都有欣赏价值。

推荐品种 鸡爪槭（是红叶的代表品种）
小型羽扇槭（叶子会变成红色和黄色）

栽培月历

（月）	1	2	3	4	5	6	7	8	9	10	11	12
状态				发芽	长叶					红叶	结果落叶	
				开花								
工作	修剪							修剪				修剪
病虫害				蚜虫、木蠹蛾、天牛幼虫								

栽培环境

日本北海道至九州

耐寒性 强
耐热性 中
耐阴性 中
土质 ··· 略微带湿气的肥沃土壤

常见树形
自然树形　丛状树形

推荐树形
半球形
高 3～15米
宽 1.8～14米

专业技术 修剪要点

- 鸡爪槭这类品种，会从前年枝条的前端长出3根新梢，并且从有叶子的节上长出小枝，因此，夏天会长出密集的枝，需要在夏天进行疏剪。
- 在落叶期，把枯死枝、内向枝等不要枝从基部剪掉。
- 修剪时，保留从干向外自然延伸的枝条，如果需要剪短，留下替代该位置枝条的枝。

修剪前

细枝非常密集。如果通风和光照不好，叶子颜色不好看，还容易产生病虫害。需要对整体进行疏剪。

整理无用枝

枯死枝

剪掉

1

把天牛危害形成的枯萎枝从基部剪掉。

专业技巧

修剪后的切口可能出现干枯现象，因此，需要在切口涂抹愈合剂。

2 将交叉枝从基部剪掉。剪掉水平生长的枝。

3 修剪后枝条的流线变得好看了。

剪掉徒长枝

徒长枝

树冠

剪掉

疏剪枝头

强枝

将枝头的强势小枝整体疏剪掉，剪出层次感。

专业技巧

展现槭树的枝条流线非常重要。除了培养新枝，其他情况要把萌生枝全部剪掉。

1 将植株上部的徒长枝从基部剪掉。照此，将高出树冠的枝依次剪掉。

2 剪掉后的状态。

枝头的疏剪方法

要点❶ 把粗枝更新成细枝。

枝头的粗枝不要从中间剪掉，要从分枝处剪掉，更新成细枝。

因为从分枝处剪掉了粗枝，形成了自然的流线。槭树最基本的流线是从干到粗枝，从粗枝到细枝。

要点❷ 用调整细枝的方式调整枝头

枝头杂乱时，疏剪直立枝与强枝。分枝中，中间的枝容易长势过强，要从基部剪掉。

剪掉后，枝头变成二叉形，非常美观。

本次剪枝量

修剪后

枝叶整体变得通透，体现出了槭树的特征。疏剪到透过树体能看到树后面景象的程度较好。树枝的流线也清晰可见。

管理秘诀

★ 为了能欣赏到美丽的红叶，要栽植在光照好的场所。

★ 天牛是主要害虫，成虫啃食小枝的树皮，使其枯萎，幼虫钻入干中，啃食树干内部，使其枯萎。总之，需要喷洒药剂进行处理。

小叶梣

别名：小蜡树

整洁的树形

可以营造出森林般的氛围，因此受到人们的喜爱。5～6月开出白色的小花。树干常被用于制作棒球棒。

推荐品种	**花曲柳** (叶子又小又细)

栽培月历

(月)	1	2	3	4	5	6	7	8	9	10	11	12
状 态						开花		花芽分化			落叶	
工 作	修剪							修剪			修剪	
病虫害		无										

栽培环境

日本北海道至九州

耐寒性 **强**

耐热性 **强**

耐阴性 **弱**

土质 … 略微带有湿气的土壤

常见树形

自然树形

推荐树形

球形

高 3～10米

宽 1～2米

专业技术 修剪要点

- 树高较高，并且会横向扩展，因此，需要剪掉顶部与横向扩散的枝，才能抑制住体积。
- 如果几颗苗集中种植，要考虑整体的层次感。如果成行种植，容易产生松垮的感觉。在剪枝时，也要注意制作立体感。

剪掉平行枝

整理无用枝，疏松树冠 **Ⓐ**

平行枝

专业技巧

庐山梣的枝与枝之间的角度在30～40°最理想。因此，剪掉开张角度过大或过小的枝。

1 2根枝向同一方向生长。这种平行枝是导致枝叶混杂的原因，需要剪掉一枝。

2 靠前的枝角度比较理想，但是里面的那条枝开张角度太小，需要剪掉。

剪掉

3 剪掉一枝后，这个角度的枝看起来比较通透。

剪掉内向枝

1 剪掉伸向植株内侧的内向枝。

2 剪掉后，按照同样的方式疏剪植株内侧，消除混杂情况。

修剪前

既有枝叶混杂的密集部分，也有疏松的部分，分配不均衡。

修剪后

枝叶整体分配均匀，树形较为自然。

疏剪枝头 B

剪掉　剪掉

1 如图所示，枝头同一处长出许多枝，因此，需要将部分枝条剪掉。

2 修剪后，枝头看上去通透了许多。

管理秘诀

★ 喜好光照好、略微带有湿气的场所，但抗旱性也强。

★ 栽植和移植都在3月中旬或9月下旬至10月中旬进行。

复叶槭

别名：梣叶槭

会长成高树，需要频繁修剪

原产自北美。无论是和式庭院还是欧式庭院都适合栽植。若想欣赏红叶变黄的美丽景致，栽植在阳光充足的场所是关键。

推荐品种　**火烈鸟**（叶子带有斑纹，新芽呈粉色）
　　　　　　凯利黄（叶子呈明亮的橙绿色）

栽培月历

（月）	1	2	3	4	5	6	7	8	9	10	11	12
状态				发芽						红叶		
				开花								落叶
工作						修剪				修剪		
病虫害		天牛幼虫										
					蚜虫·叶螨							

栽培环境

日本北海道至冲绳

耐寒性 **强**
耐热性 **中**
耐阴性 **中**
土质 … 排水好的肥沃土壤

常见树形　自然树形

推荐树形　倒卵形　高　2~3米
宽　1~2米

专业技术　修剪要点

- 一年中，在落叶期和梅雨结束期进行2次修剪。梅雨结束期需要大幅度的修剪，便于冬季修剪树形。
- 修剪出柔顺的枝条是槭类修剪的基本要求。尽量保留细枝，去掉粗枝。但是剪口容易受伤，因此，尽量将无用枝在长粗之前剪掉。

修剪前

树高过高，如果再继续长高，就不便于修剪。叶子也过于茂密，内部光照和通风都不好。

1 1年能生长1米左右，因此，在梅雨结束期需要大幅度剪枝。先预设出剪枝后的树冠外形，再从树冠外往里剪，剪2~3节至有小枝处。

更新的小枝

剪掉后

树冠

降低树高

树冠　1节　2节　3节　剪掉　小枝

2 修剪后，下枝会继续生长。

剪掉粗枝

粗枝

细枝

剪掉

细枝

剪掉

剪掉后

1 把长势过强的直立粗枝从有细枝处剪掉。

2 剪掉后，随着细枝的长出枝头会出现柔顺感。这是槭类最基本的剪枝技术。

剪掉无用枝

剪掉

下垂枝

1 将下垂枝从基部剪掉。

横向枝

剪掉

2 将横向枝从基部剪掉。

疏剪混杂部分

剪掉

剪掉

剪掉

剪掉

剪掉

1 从以前的剪短处长出多根树枝，是出现混杂的原因。需要剪掉交叉枝和伸枝方向异常的枝。

2 把6根树枝剪至2根后，通风和光照条件都得到了改善。

修剪后

树高得到控制，看不到粗枝和无用枝，内部光照充足，通风良好。切口被隐藏，枝展现出自然的美丽姿态

野茉莉

别名：齐墩果、茉莉苞

整理缠绕部分，制作杂木风格

5～6月，无数白色的花垂下盛开的样子值得一看。还有，长有小叶子的细枝姿态优美，修剪成自然的杂木风格会另有一番风情。

推荐品种	红花野茉莉（开粉色的花） 垂枝野茉莉（长有垂枝）

栽培月历

(月)	1	2	3	4	5	6	7	8	9	10	11	12
状态				发芽	开花		花芽分化			结果	红叶	结果
工作	修剪										修剪	
病虫害					天牛							
						蚜虫						

栽培环境

日本北海道至九州

耐寒性 强
耐热性 强
耐阴性 中

土质 … 具有保水性的肥沃土壤

常见树形

自然树形　丛状

推荐树形

半球形

高 4～10米
宽 2～9米

2 剪掉后，与其他树干的高度对齐，变得均衡。

小枝

剪掉

1 需要剪掉过高，并且影响整体平衡的主枝。剪短到长有向外侧生长的小枝处。

修剪前

A

树长过高，管理不方便。右侧的一根枝生长过高，影响整体平衡。此外，枝有相互缠绕的现象。

疏剪树冠内部

平行枝

长向植株内侧的枝

剪掉

1 从枝根处剪掉长向植株内侧的平行枝，使细枝向外扩散比较好看。

破坏整体流线的枝

剪掉

2 将横向生长、破坏整体流线的枝从基部剪掉。

专业技术 修剪要点

- 自然的树形非常好看，因此避免强剪，只需要整理缠绕枝、交叉枝、直立枝、细弱枝等即可。
- 修剪成自然树形时，将粗枝从基部剪掉，或者剪短，更新成小枝，让枝头体现柔和感。

过长的枝

小枝

剪掉

3 将过长的枝剪短到长有小枝的位置。整理完树枝后整理蘖枝。

修剪**后**

树高得到控制。整理了长向内侧的枝后，枝干变得干净整洁。

管理秘诀

★ 栽植和移植都在落叶期进行。不喜欢干燥的环境，因此可用落叶或稻草覆盖植株基部。

★ 新梢上出现类似绿白色花朵的物体，其实是蚜虫的虫包，发现后应立即除去。

173

落霜红

别名：满天星、毛冬青

修剪缠绕枝

果实比花更有欣赏价值。晚秋因成熟而变红的果实，在摘掉叶子后更加夺目，可以一直持续到初春。还有结白色果实的白落霜红和结黄色果实的黄落霜红。

推荐品种
大纳言（果实较大）
白落霜红（果实为白色）

栽培月历

(月)	1	2	3	4	5	6	7	8	9	10	11	12
状 态				发芽		开花				结果		
				花芽分化								落叶
工 作		修剪									修剪	
病虫害	介壳虫				潜叶蛾			卷叶虫			介壳虫	

栽培环境

日本北海道至九州

耐寒性 **强**
耐热性 **强**
耐阴性 **弱**

土质 … 略微带有湿气的肥沃土壤

常见树形

自然树形　绿篱

推荐树形

扇形

高 2~3米
宽 1~3米

- 花芽在春季长成，为了不剪掉花芽，修剪宜在落叶期进行。
- 该树具有蜿蜒的枝，因此，对于缠绕枝，打开缠绕即可。枝干不需要修剪得特别笔直，带有一定的弯曲弧度，才能体现其特征。

修剪前

枝混杂，并缠绕在一起。还有许多老枝，有必要将老枝更新成新枝。

修剪后

缠绕枝减少了。植株内部光照改善，开花和结果情况也好转了。

整理缠绕枝

幼枝　交叉的老枝　剪掉

1 将几根交叉的老枝剪短到有小枝的位置。

幼枝

2 剪掉后，缠绕的枝条被解开，变得整洁。

缠绕枝　剪掉

3 将伸向植株内侧的缠绕枝从基部剪掉。

整理树形

直立生长的粗枝　幼枝　剪掉后　剪掉

1 图中粗枝直立生长，破坏整体平衡。将其剪短，更新成小枝。

剪掉后

4 没有把全部缠绕枝剪掉。为树形美观，可以适当保留一些弯曲的枝条。

管理秘诀

★ 栽植和移植都在12月至翌年3月进行。栽植在有光照的场所，开花状况会更好。

★ 该树是雌雄异株，如果想得到果实，雌株、雄株都需要栽植。

长势旺盛的枝　剪掉

2 将枝头长势旺盛的枝剪短到有分枝的位置，与其他树枝保持粗细一致。

木 瓜

别名：海棠、木李

整理直立枝，改善开花状况

　　木瓜不仅在春天开红色的花，而且花后还会结出椭圆形的大果实。果实在秋天成熟，散发出芳香气味。虽不能生吃，但可做成蜜饯或木瓜酒。

推荐品种
伊那木瓜（晚熟品种。果实适合做成蜜饯）
毛涯木瓜（早熟品种。皮受到光照后变成红色）

栽培月历

(月)	1	2	3	4	5	6	7	8	9	10	11	12
状 态			发芽							结果		
				开花		花芽分化						
工 作	修剪											修剪
病虫害					食心虫							
			赤星病									

栽培环境

日本东北至冲绳

耐寒性 **强**
耐热性 **强**
耐阴性 **弱**
土质 … 排水好的肥沃土壤

常见树形

自然树形

推荐树形

倒卵形

高 2～10米
宽 6～8米

专业技术 修剪要点

- 如果任其生长，可以长到10米，因此，庭院栽培需要剪短冠顶主枝，使树形紧凑。
- 生育能力旺盛，会长出很多直立枝，因此，在夏季疏剪时，把杂乱部分从基部剪掉。
- 在冬季修剪时，要剪短徒长枝，发展能结果的短枝。

剪掉萌生枝

剪掉 剪掉 剪掉 萌生枝 剪掉

剪掉从干上直接长出的萌生枝。让植株内侧变得清爽，能欣赏到干。

修剪前

植株上部有许多不开花的枝。向上的直立伸展的树形被破坏了，木瓜特有的美丽的树皮也被枝叶掩盖了。

修剪弯曲的枝

1 首先剪掉右侧的枝。

剪掉

弯曲的枝

剪掉

2 接下来剪短上部的枝。

剪掉

3 剪下较小的枝。

剪掉

剪掉后

4 去掉了弯曲枝，更新成垂直向上的枝。

专业技巧

较大的树枝不可直接剪除，否则树体容易受损，可先剪掉其上的分枝，最后修剪最粗的部分（参照17页）。

剪掉先端

较长的枝头

剪掉

将前端生长过长的枝从芽（叶）的上方剪短。如果想让树再低一些，可以从分枝处剪掉。

修剪后

无用枝和弯曲的枝被剪掉后，变成了笔直向上伸展的树形。还有，枝叶变少后，可以清楚地欣赏到树干。

管理秘诀

★ 该树喜光照、通风、排水良好的场所。光照不足，会导致开花不良。抗旱性和抗寒性都强，生命力顽强，容易栽培。自花授粉，栽植一颗也能结果。大概在栽植后的4～5年收获果实。

★ 栽植和移植宜在落叶期进行。

台湾吊钟花

别名：满天星

平剪和疏剪交替进行

春天，开出像铃兰花一样可爱的白色壶状花。秋天除了有火红的叶，还有落叶后才显现出来的美丽枝条。

推荐品种 **布纹吊钟花**（花瓣边缘红色）

栽培月历

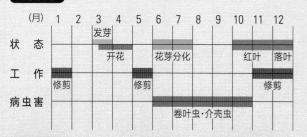

（月）	1	2	3	4	5	6	7	8	9	10	11	12
状态			发芽									
			开花			花芽分化				红叶	落叶	
工作	修剪				修剪						修剪	
病虫害						卷叶虫·介壳虫						

栽培环境

日本北海道至九州

耐寒性	强
耐热性	弱
耐阴性	中

土质 …略微带有湿气的肥沃土壤

常见树形　**推荐树形**

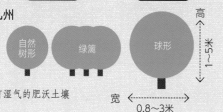

自然树形　绿篱　球形

高 1～5米
宽 0.8～3米

- 在落叶期，疏剪粗枝、细弱枝、枯死枝、内向枝等无用枝，使枝粗细均匀。
- 因为发芽力旺盛，会长出无数细枝。因此，在花后对于超过树冠的部分进行平剪。但是，如果频繁进行此操作，树冠外层的枝叶会混杂，植株内部会枯萎。

管理秘诀

- ★ 栽植和移植要避开开花期与夏天的炎热期。
- ★ 根较浅，抗旱能力弱。避免在有强光照射的场所栽植。
- ★ 会出现白粉病和介壳虫。需要平剪与疏剪交互进行，改善通风与光照。

剪掉有弯曲趋势的枝

粗枝　细枝　剪掉

1　把粗枝和强势枝剪短到有细枝的位置，保持适当距离。枝粗细要基本保持一致。

2　同样，把粗枝剪短，更新成细枝。之后，疏剪细弱枝、枯死枝、直立枝等。

粗枝　细枝　剪掉

豆科·槐属

龙爪槐

制作层段，让枝垂下

龙爪槐是垂枝树种，枝几乎可垂到地面。在初夏，不只能观赏到白色的花朵，果实和红叶也值得期待。

推荐品种	**朝鲜槐**（在同类中，新芽是银白色的） **刺槐**（在同类中，开的花具有芳香性）

栽培月历

(月)	1	2	3	4	5	6	7	8	9	10	11	12
状态				发芽			开花			结果		
工作	修剪			修剪							修剪	
病虫害		无										

栽培环境

日本北海道至九州

耐寒性 **强**
耐热性 **中**
耐阴性 **中**
土质 … 肥沃的土壤

常见树形

自然树形

推荐树形

垂枝形

高 5～10米
宽 2～4米

专业技术

修剪要点

- 即使放任不管，也能成为较好看的自然树形。在落叶期修剪较好。
- 几乎垂到地面的长枝，需要从外芽或向外弯曲的位置剪短，修剪成从上向下分层流下的状态。

修剪前

枝叶过于茂密，完全看不到干和枝的形态。枝垂到了地面。

疏剪顶部

剪掉 ／ 向内生长的枝

1 在顶部密集着生向多个方向伸展的枝。一边确认枝的长向，一边剪掉向内生长的枝等。

直线垂下的枝 ／ 向外平缓弯曲的枝

2 剪掉未形成弯曲弧度，而是直线垂下的枝。

使树冠内部通透

剪掉下垂枝

向外的下垂枝
剪掉
垂到地面的枝

1 将单独垂到地面的枝，剪短到出现向外下方弯曲的位置。

2 剪掉后。从上面垂下的枝，形成了向外的流出的感觉。

专业技巧

把垂枝形的树木修剪成分层向外扩散的树形。

剪掉内向枝

剪掉
内向枝
向外侧生长的枝

1 考虑枝的生长方向与均衡，疏剪树冠内部混杂处。剪掉内向枝，更新成向外生长的枝。

2 修剪后，因为没有了粗枝，枝的流线变得好看，同时，树冠变得通透了。

剪掉平行枝

想进一步修剪时，可以从该位置剪掉
剪掉
平行枝

同一方向长有2根枝。会成为混杂的原因，因此，考虑周围枝叶分布均衡的条件下，剪掉其中一根。

剪掉后

通过诱引的方式整理树形

1 整理无用枝后，出现了一块能够看到树对面的空缺。

3 诱引后的状态。一段时间后，枝会发芽，把空缺补上，到时剪掉绳子即可。

外侧枝

细绳

2 用不显眼的细绳，将外侧的枝向内牵引。

本次剪枝量

管理秘诀

★ 栽植和移植都在11月、3～5月进行。

★ 成长到需要的高度之前，利用竹竿等作为支柱进行诱引较好。

★ 虽然病虫害较少，但是要注意肿瘤病、锈病等。

修剪后 整体变得通透，内部也能得到光照。变成了好看的垂枝形。

植物拉丁名索引

图书在版编目（CIP）数据

庭院花木整形修剪技法／（日）玉崎弘志编著；新锐园艺工作室组译.—北京：中国农业出版社，2021.10
（轻松造园记系列）
ISBN 978-7-109-27971-1

Ⅰ.①庭… Ⅱ.①玉… ②新… Ⅲ.①庭院－花卉－观赏园艺 Ⅳ.①S68

中国版本图书馆CIP数据核字（2021）第031522号

合同登记号：图字01-2019-5480号

协助拍摄：湘南绿色服务股份公司 日本桥三越切尔西花园 広瀬善一郎
协助照相·采访：川崎绿色研究所 四季的山野草 水生生物杂记账 住友化学园艺股份公司 美庭园艺服务 ボタニックガーデン 北海道那边的花 本田郁夫
拍摄：上林德宽
插图：AD·CHIAKI（坂川知秋）
设计：佐佐木容子（彩色树设计制作室）
DVD编辑制作：办公室蘑菇股份公司
协助协作：荒井正
协助编辑：童梦股份公司
本书是把本公司长期畅销商品『DVD好理解！庭院树·花木的修整与剪枝』（2010年5月发行）进行翻新，书名、价格等有所变更。

PURO GA OSHIERU NIWAKI·HANAKI NO TEIRE TO SENTEI DVD 70 PUN TSUKI
supervised by Hiroshi Tamazaki
Copyright © 2016 Hiroshi Tamazaki
All rights reserved.
Original Japanese edition published by SEITO-SHA Co., Ltd., Tokyo.
This Simplified Chinese language edition is published by arrangement with
SEITO-SHA Co., Ltd., Tokyo in care of Tuttle-Mori Agency, Inc., Tokyo
through Beijing Kareka Consultation Center, Beijing

本书简体中文版由株式会社西东社授权中国农业出版社有限公司独家出版发行。通过TUTTLE-MORI AGENCY,INC.和北京可丽可咨询中心两家代理办理相关事宜。本书内容的任何部分，事先未经出版者书面许可，不得以任何方式或手段复制或刊载。

庭院花木整形修剪技法
TINGYUAN HUAMU ZHENGXING
XIUJIAN JIFA

中国农业出版社出版
地址：北京市朝阳区麦子店街18号楼
邮编：100125
责任编辑：谢志新 国 圆 郭晨茜
版式设计：郭晨茜 谢志新 责任校对：吴丽婷
印刷：北京中科印刷有限公司
版次：2021年10月第1版
印次：2021年10月北京第1次印刷
发行：新华书店北京发行所
开本：889mm×1194mm 1/16
印张：11.5
字数：430千字
定价：100.00元